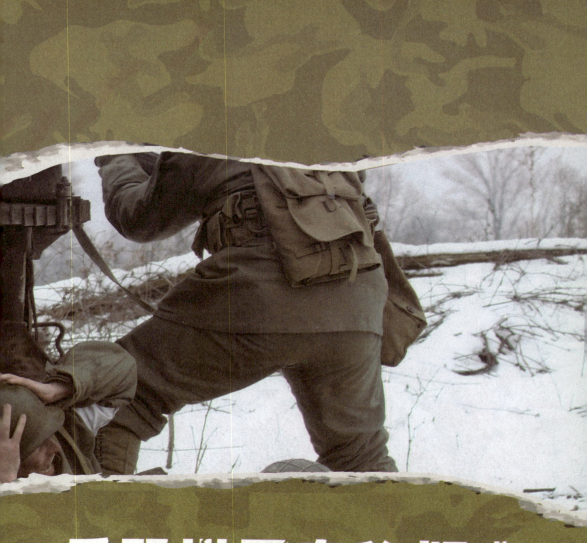

兵器世界奥秘探索

步兵利器——轻型武器的故事

田战省 编著

吉林出版集团

北方妇女儿童出版社

兵器世界奥秘探索
步兵利器——轻型武器的故事

前言

▶▶▶ Foreword

　　轻武器是陆军步兵的基本武器,也是海军、空军和其他军、兵种的自卫和近战突击武器。在军事需求和技术的推动下,轻武器不断地被人们改进和创新,经过长期的演变和发展,形成了各自的体系和特点,是当今世界各国武器库中数量最多、用途最广的武器装备。根据作战使用性能,轻武器分为手枪、冲锋枪、步枪、机枪,此外,还包括榴弹发射器、火箭筒、喷火器、手榴弹、枪榴弹等。

　　历史的车轮滚滚向前,科技的发展日新月异。如今,在现代战争中,导弹、激光武器、电子战等现代先进武器的出现改变了战争的进程和面貌,但轻武器仍以其重量轻、结构简单、使用方便、价格低廉的特点大量装备部队,在近战、夜战中,杀伤有生目标、毁伤轻型装甲目标方面发挥着不可小觑的作用。

　　本书系编者根据多年收集的资料及国内外最新专业书刊、各种轻武器产品广告等有关资料编写的。全书汇集了上百余幅精美的图片,概括了轻武器复杂而漫长的发展历史。这里既有火器的出现,又有子弹的发展;既有南宋时的突火枪,又有经典的伯莱塔手枪;既有过去的老式步枪,又有现代新式步枪;既有令人闻风丧胆的"马克沁"机枪,又有著名的勃朗宁系列机枪;既有世界执法部门使用的防暴枪,又有各种各样的喷火器……

　　"折戟沉沙铁未销,自将磨洗识前朝",那么,就让我们在这本精美的《轻型武器的故事》中,去阅读武器背后的故事,在欣赏中开阔视野,接受国防教育,增强国防意识。希望少年儿童们以此为契机,热爱国防,了解和掌握现代武器的发展状况,长大后成为中国国防现代化建设中的一员。

目录
▶▶▶ Contents

轻武器简史

武器的历史可以追溯到人类刚刚学会使用石块和木棒的时期，但武器及武器技术的迅猛发展却只有几百年的历史。当人类告别血淋淋的冷兵器时代，热兵器的时代开始到来。从火器出现到今天，出现了很多类型的轻武器。从中国南宋制成的以黑火药发射子窠的竹管突火枪到火门枪、火绳枪、燧发枪……轻武器经历着更新换代的变革，机动能力、威力和火力密度和作战效能都有着日新月异的变化。

冷兵器 ＞＞＞

在 人类文明出现以前，战争就进入了人类生活，冷兵器则是人类使用时间最长的兵器种类。狭义上，冷兵器是指不带有火药、炸药或其他燃烧物，在战斗中直接杀伤敌人，保护自己的近战武器装备；广义上，冷兵器则指冷兵器时代所有的作战装备。石头和棍棒是最原始的兵器，到青铜兵器大量应用时，金属兵器将人类带入刀光剑影的时代。

沿用至今的冷兵器

当文明的曙光开始照耀人类社会的时候，战争也出现在人类社会活动中，并对社会的发展起到了很大的作用。随着社会的发展，兵器也在不断前进，冷兵器是人类使用时间最长的兵器种类，至少有数万年历史。

在原始社会末期，铜制兵器开始出现，大规模的战争也开始出现，一系列战术战略也开始萌芽，到了青铜兵器大量应用的时候，适合冷兵器时代战争的军事战术战略已经成型，并开始指导战争。冷兵器按材质分为石、骨、蚌、竹、木、皮革、青铜、钢铁等兵器；按用途分为进攻性兵器和防护装具，进攻性兵器又可分为格斗、远射和卫体三类；按作战方式分为步战兵器、车战兵器、骑战兵器、水战兵器和攻守城器械等；按结构形制分为短兵器、长兵器、抛射兵器、系兵器、护体装具、战车、战船等。火器时代开始后，冷兵器已不是作战的主要兵器，但因具有特殊作用，故一直沿用至今。

石头箭头在原始社会的战争中有所应用

石兵器的出现

我国古代的冷兵器，最初就是由原始社会晚期的生产工具发展演变而来的。在原始社会中，没有专门的军队，也没有专门的兵器。原始人类为了方便狩猎，便将石块和木棒进行粗糙的加工，制成原始的工具。而当各氏族、各部落之间因纠纷而引起的武力冲突日渐增多，规模也不断扩大，发展成部落之间的战争时，单纯地利用带着锋刃的生产工具已经不能满足需要，于是就有人用石、骨、角、木、竹等材料，仿照动物的角、爪、鸟喙等形状，采用刮削、磨琢等方法，制成最早的兵器，或者说是胚胎形的兵器。它们以石制的为多，所以称作石兵器。最初的石兵器主要有石戈、石矛、石斧、石铲、石镞、石匕首、骨制标枪头等，有的还把石刀嵌入骨制的长柄中。这些石兵器，大致经过选材、打制、磨琢、钻孔、穿槽等工序制作而成。虽然石兵器很简陋，但却奠定了冷兵器的基础，为研制第一代金属兵器开创了先河。

青铜兵器的时代

铜是人类最早使用的金属之一，人类在6000年前就开始冶炼和铸造铜器。铜兵器也成为石兵器向青铜兵器过渡的中间阶段。铜兵器的出现并没有使石兵器走下历史舞台，直到青铜大量应用，石兵器才成为历史。

青铜是铜和锡及其他少量金属的合金，也是第一种被大规模利用的合金，青铜时代就是以这种合金的名字命名的。青铜比铜坚韧，更适合做兵器。作为装备军队的青铜兵器，在夏王朝已经问世。到了商代，随着青铜冶铸技术的提高，青铜兵器得到了进一步的发展，制品有长杆格斗兵器戈、矛、斧；卫体兵器有短柄刀、剑；射远的复合兵器弓箭；防护装具

➡ 在黄帝战蚩尤的神话中，蚩尤部落就利用相对先进的铜兵器，在战争初期处于有利地位。

有青铜胄、皮甲、盾等。商代以后，铜的采掘和青铜冶铸业得到比较大的发展。春秋战国时期，还出现了青铜复合剑的制造技术。这种脊韧刃坚、刚柔相济的复合剑，既有比较高的刺杀力，又经久耐用，是青铜兵器制造技术提高的一个重要标志。同时，铜制的射远兵器——弩，也在实践中得到了广泛的使用。

钢铁兵器

在金属中，钢铁的坚韧性能比青铜要好，更适合制作兵器，在两千三百多年前，西方和东方相继进入以钢铁为兵器主要材料的时代。

以我国为例，我国在春秋晚期，已经使用人工制造的铁器，到战国晚期已经炼成质地比较好的钢，为制造钢铁兵器提供了原材料。到了西汉时期，由于淬火技术的普遍推广，钢铁兵器的使用越来越普遍。从东汉到唐宋，钢铁兵器进入全面发展的时期，坚韧锋利的各种钢铁兵器层出不穷。步兵使用刀、盾作战，具有攻防兼备的作用；骑兵使

冷兵器是人类社会发展到一定阶段才出现的,它经历了石兵器、青铜兵器和钢铁兵器三个发展阶段。石兵器是随着军队的诞生而出现的。铜兵器是石兵器向青铜兵器过渡的中间阶段。青铜兵器时代和钢铁兵器时代是冷兵器的鼎盛时代,而火器出现后,冷兵器逐渐衰落。

用双刃马稍,可直透敌兵的铠甲;三国时期的诸葛亮创制的连弩,使蜀军的射远兵器得到了很大改善;晋代创制的马蹬,得到了普遍的推广和使用,提高了骑兵的骑术和战斗力;唐代时,官兵披着的铠甲各种各样,非常实用。

到了宋代以后,钢铁兵器虽然仍在发展,但是它们的战斗作用同逐渐发展的火器相比,便退居次要地位。

十八般兵器

钢铁兵器除了继承了一些青铜兵器的类型以外,还出现了其他的一些兵器。在民间广为流传的十八般兵器有:刀、枪、剑、戟、棍、棒、槊、镗、斧、钺、铲、钯、鞭、锏、锤、叉、戈、矛。其中,在铁兵器时代才得到发展的武器有刀、枪等。刀是短兵器,单刃厚背,主要用于砍杀;枪是一种刺杀用的兵器,是从矛发展而来的。枪比矛轻便和锋利,因此从唐朝开始,军队开始大量装备矛。在唐代,枪分为漆枪、木枪、白杆枪和扑枪。到了宋代,枪的种类更是多达几十种。根据文献记载,这些都是冷兵器时代的产物,是最常见、应用最广泛的简单武器。

远程冷兵器

弓和弩是冷兵器时代主要的远程兵器。

《周易》里有这样的一句话:"将木头弯曲成为弓,将尖细木棍在火里烤硬作为箭,弓箭的锋利,威慑天下。"在金属护甲还没有广泛使用的时候,弓箭和弩的威力的确是令人畏惧的。

弓出现大约3万年了,弓箭在远古时代就是人们狩猎时不可缺少的工具。在我国,弓箭很早就得到了发展,弓的种类也十分丰富。制作弓箭的主要材料有木头、动物的筋角和骨头、各种金属等。大体上,人类制弓技术的发展,是从单体弓,到合成弓,到复合弓。其中,英格兰长弓是非复合弓中最强的弓,是11世纪后被英军广泛使用的,在多次战争中发挥了巨大的作用。

弩是在战国时代才出现的一种远程冷兵器。它是从弓箭的基础上发展而来的。弩的关键部分是弩机,弩机的部件有瞄准器、扳机、钩心和连接各部件的键。弩这种致命的武器,传入欧洲以后,以其巨大的威力而很快被人们接受。

❂ 刀曾经是步兵的主战兵器之一

在冷兵器时代，城墙是一道无比坚固的防御设施。为了能够攻破或者守卫城池，人们设计了一批专用武器，比如撞城木、云梯等。撞城木就是一根由十几名士兵携带的巨大木头，用来击穿小城堡的门，撞城木是最古老、最原始的围城器械。

兵器解密

△ 我国春秋时代的战车

盔甲和盾牌

在冷兵器时代的早期，一些动物的皮甲和木制的盾就是最早的防具——盔甲。盔甲的出现在一定程度上减弱了劈砍武器的威力，青铜盔甲的出现使棍棒类武器的杀伤效果大减，并导致这类武器最终离开战场，同时加快了钢铁武器的发展。

盔甲是用于保护士兵身体，减少士兵受到伤害的防具。在过去几千年里，制作盔甲的原料有兽皮、青铜和钢铁等。在铸铁技术没有成熟以前，人们主要使用皮甲和少量的青铜盔甲；在铸铁技术比较完善以后，钢铁护甲和皮甲就成为主要的盔甲了。

盾牌也是冷兵器时代很重要的防具，为手持防具，形状有长方形、梯形或圆形，材料为皮革、木材、藤条或金属等。后来，随着战争的改变，盾牌也分成两大类：携行盾和攻城盾。

战车与战船

在很早以前就已经出现战车和战船了。

虽然在冷兵器时代，战车和战船出现在战场上的机会不多，但是它们在仅有的几次战争中发挥的作用依然让我们感到惊奇。古代两河流域的苏美尔人是世界上最早使用战车的人，大约在距今5500年前，两河流域就有简陋的战车了。后来，随着苏美尔人的扩张，战车传播到了世界其他地方。

在我国，船最初只用于载人载物，到了春秋末期，南方各国由于河流湖泊众多，于是就建立了水军，随之出现了战船。先秦战船有大中小的区别，各国船型名目有所差异。到了唐代，各种战船和舰载武器也发展得很快。在古代西方，由于各国濒临地中海，经常要跨海作战，各国也很重视海战。

冷兵器时代的结束

历史的车轮始终不会停止，火药的发明最终取代了冷兵器的主导地位。当中国古代的炼丹师们无意间发明了火药后，整个世界的发展进程被改变了，火药的应用使战争的形态发生了变化。在西方，这种变化更加明显，随着工业革命的到来，火器不仅最终取代了冷兵器，成为战场上主要的兵器。正如金属兵器取代石制兵器一样，经过二百多年的发展，热兵器逐渐取代了冷兵器。冷兵器的时代结束了，但在奥运会或其他运动会上，冷兵器时代的一些武器却获得了新生，比如击剑比赛等。

火器的出现 >>>

火器又名热兵器，是指一种利用推进燃料快速燃烧后产生的高压气体推进发射物的射击武器。大约在北宋初年，火药武器开始用于战争。从此，在刀光剑影的战场上，又升起了弥漫的硝烟，传来了火器的爆炸声响，开创了人类战争史上火器和冷兵器并用的时代。当火器技术传播到欧洲以后，经过多次改进，火器终于取代了冷兵器。

火药的发明史

火器的发明和应用离不开火药的发明。众所周知，火药是中国"四大发明"之一，在人类科技史上，火药的发明占有重要的地位。中国古代炼丹术士在长期与火打交道的过程中，无意中发现了火药。据考证，中国在唐朝时，炼丹者发现了点燃硝石、硫磺、木炭的混合物，会发生剧烈的燃烧。

最早的火药虽然是简单的黑火药，但是黑火药仍然在战争中发挥了巨大的威力。

🔊 黑火药是早期最简单的火药

在中国一些史书的记载中，黑火药的大致配比是一硝二硫三碳。但最早的黑火药各成分之间的比例不是很合理，因此黑火药的成分比例在一直变动，最后定为：硝酸钾75%；炭15%；硫磺10%。黑火药有许多缺点，比如容易吸湿，不稳定，而且其威力小，残渣多，烟雾大。所以，人们一直在寻找着一种可以克服以上缺点的火药。

后来，火药技术被传到了欧洲，有了很大发展。1771年由英国的沃尔夫首先合成苦味酸；1838年佩卢兹发明硝化棉；1845年德国化学家舍恩拜因发明出硝化纤维；1846年意大利化学家索勃莱洛发明硝化甘油。1863年威尔勃兰德发明三硝基甲苯；1875年诺贝尔发明了三硝基甘油和硅藻土混合的安全烈性炸药；1899年德国人亨宁发明黑索今。这些先进的火药加快了火器的发展步伐，也促使人们在实战中发展新的战术。

火球类火器

火药发明后，被用来制造一种会喷火的武器，这是最早将火药用于军事上。中国自宋朝以后，火药制作技术发展迅速，并逐步用于战争。

在北宋官修的一部军事著作《武经总要》中，记载了许多火器的制造和使用方法。其中记载的火球火器有引火球、蒺藜火球、霹雳火球、烟球、毒药烟球、火球、铁嘴火鹞、竹火鹞等八种制品。前六种的制法基本相同，通常是先把配制好的火药，同铁片一类杀伤物和致毒物拌和，然后用多层纸糊固成球形外壳，壳外涂上易燃的引火物，待晒干后使用。铁嘴火鹞是用薄板制成鹞身，头部安上铁嘴，尾部绑有秆草，火药装在尾中。竹火鹞是用竹片编成笼形外壳，外壳糊几层纸、内装火药，尾部绑草。作战时，先用烙锥把火球壳烙透，然后用抛石机抛到敌阵，达到燃烧、障碍、致毒和遮障等作战目的。

到明代后期，火球类火器又有增多。主要有神火混元球、火弹、火妖等毒杀性火球，烧天猛火无栏炮、纸糊圆炮、群蜂炮、大蜂窝、火砖、火桶等燃烧和障碍性火球，万火飞沙神炮、风尘炮、天坠炮等烟幕和遮障性火球。

铁火炮和火枪

除了北宋初年创制的火球和火药箭等初级火器之外，南宋时期又创制了铁火炮和竹制、纸制的火枪。这一时期战争频繁，错综复杂。交战各方都全力利用和研制新式火器，以便战胜对方，从而就促进了火器的发展。

金军在灭亡北宋以后，由于掌握了北宋的火器制造业和工匠，创制了铁火炮。铁火炮用铁做壳，有球形、罐形、葫芦形、合碗形等样式，内藏火药，有火捻从炮内火药中通出。使用时，士兵点着火捻，待抛到敌方时，火捻引着火药，使铁壳爆炸。这种用火捻点

⬤ 早期火枪操作起来比较困难

火引爆的方法，比火球用烙锥烙透球壳的方法，大大前进了一步。

火枪的创制和发展，是南宋初级火器发展的又一重要成果。它的最初制品是在宋高宗时，由德安（今湖北孝感地区）守将陈规用火炮药制成能喷射火焰烧毁敌人的大型攻城器械——天桥的长竹竿火枪。到理宗时，寿春府（今安徽寿县）地方的火器研制者创制了"突火枪"。

火铳的创制和发展

突火枪的研制是把燃烧性火器过渡到管形射击火器的发展阶段，为金属管形射击火器——火铳的创制奠定了基础。

火铳的创制是中国元代兵器制造的重

◀━ 兵器简史 ━▶

欧洲枪械的发展大致经过了以下过程：14世纪出现火门枪，15世纪出现火绳枪，16世纪出现燧发枪，19世纪初出现击发枪，19世纪中叶出现金属弹壳定装弹后装击针枪，19世纪下半叶出现弹仓枪，19世纪末出现自动枪械。现在，枪械的发展更是日新月异，各种效能都有很大提高。

要成果。火铳主要由前膛、药室和尾銎构成。

同火枪相比，火铳的使用寿命长，发射威力大，是元军和元末农民起义军使用的利器。明王朝建立后，从明成祖永乐年间起，火铳得到了长足的发展，增加了品种和数量，改进了结构，提高了质量。除了表现在制造工艺更加精细、产品精度更加提高外，主要表现在构造的改进和配件的增加等方面。火铳的大量制造和使用，也引起我国古代军事方面的大变革，几乎超越了以往冷兵器时代的所有变革。

火绳枪的出现

自从中国火药和火铳等技术传到了欧洲之后，对于军事武器的发展起到了无法估量的巨大作用。火铳成为战场上杀敌的利器。火铳的广泛使用，使得战场上一片混乱。成百上千名火铳手一齐开枪，往往被猛烈地撞了回来，炙热的火铳还未冷却，敌人就已经冒着烟尘冲到了面前。火铳的弊端开始体现出来，同时人们尝试着改变现有的火铳。15世纪初，第一支真正意义上的枪

终于出现了，这种基本的枪支设计一直沿用到了今天，这就是火绳枪。

在今天看来，火绳枪似乎还有很多缺点，但是它低廉的价格、便利的维修方式以及强大的杀伤力依然是当时欧洲战场的标准武器。

仿制外来枪炮

到了16世纪初叶，葡萄牙人又把火绳点火发射弹丸的枪炮带到了印度、日本和中国。明世宗嘉靖年间，明军在反击葡萄牙舰船的挑衅时，缴获了一些火绳枪（又称鸟嘴铳、鸟铳或鸟枪）。由于火绳枪炮具有比明军使用的火铳装填方便、射速快、命中精度高、杀伤威力大等优点，所以明代的军器局和兵仗局就开始仿制和改制成多种形式的鸟枪，开了我国仿制外来枪炮的先河。

此后，火器研制家赵士桢在明神宗万历年间，除仿制成土耳其式噜密铳外，还研制成掣电铳、三长铳、双叠铳、迅雷铳等多种单管和多管火绳枪，把火绳枪炮的研制推进到一个新的发展阶段。

燧发枪的应用

和火绳枪相比，燧发枪似乎更适合军队的装备。1525年，意大利人芬奇发明了燧发枪，将火绳点火改为燧石点火，逐渐克服了气候的影响，且简化了射击程序，提高了射击精度，可随时发射。

燧发枪是使用时间最长的枪械，但是燧发枪的普及却很缓慢。英国在克伦威尔领导下建立

元朝时所使用的手铳

火药箭是北宋初年创制的一种初级火器,主要制品有弓弩火药箭和火药鞭箭两种。弓弩火药箭是在一支普通箭头的后部绑附一个环绕箭杆的球形火药包,包壳用易燃物制成,内装有火药。作战时先点着火药包,然后把箭射到敌军处,随之就会引爆、燃烧。

兵器解密

了一支新型军队,其中有两个步兵连装备了燧发机滑膛枪。到了 1699 年,燧发枪才成为欧洲各国军队的制式武器。随着燧发枪的大量使用,新式步兵也出现了,这些变化也对战术产生了很大影响。英国著名的军事将领马尔波罗公爵敏锐地意识到这种变化有利于进攻,在他所指挥的战争中,他的战略和战术都是以进攻为主。在美国的独立战争中,美军和英军都大量装备燧发枪,由于英军逐渐丧失了在北美大陆上的据点,最后被击败。

取代冷兵器

中国的火器经历了元朝和明朝的演化,虽然取得了很大的发展,但也有局限性。而清朝的火枪虽然较之明朝有所提高,但是燧发枪等先进火枪仅仅用作宫廷狩猎而未装备部队。因此,火器普遍地取代冷兵器,则是西方的事情。

从火器出现到今天,枪械的发展经历了数百年的风雨。自火绳枪开始,西方人先后发明了燧发枪、击发枪、弹仓枪等一系列枪械。现代枪械包括:手枪、步枪、机枪、冲锋枪和特殊枪支等。

但无论是哪一种枪,其工作原理基本上都是一样的,都是利用火药爆炸产生的推力推送子弹。这些种类不一的枪械在不同的领域内发挥着很大的作用,成为使用最频繁的武器。

↻ 火绳枪在火器发展史上具有里程碑的意义,是现代步枪的直接原型。

火枪长弓之争 》》》

弓箭作为一种冷兵器时代常用的武器,曾在战场上发挥过巨大作用,但是当火枪的优势越来越明显,弓箭的地位岌岌可危。16世纪,英国议会里展开了一场关于火枪和弓箭的辩论,这场辩论之后,英国颁布了《终止长弓法令》,这项法令的颁布,宣布了英国彻底结束了冷兵器时代。火绳枪开始取代延续了千年的弓箭,作为新型的军队制式装备。

曾经的辉煌

弓箭是以弓发射的具有锋刃的一种远射兵器,它是古代兵车战法中的重要组成部分。在诸多的影视作品中,都将古代战争中的弓箭做过比较夸张的描写。无论是中国影片《英雄》中的秦国弓箭阵列还是欧洲中世纪的十字弓,在火枪没有诞生的年代,都

是远程攻击的首选武器。对于欧洲来说,长弓作为一种远程攻击武器,曾经一度成为战场的远程杀伤之王。即使是十字弓和铠甲骑士也都无法对抗。

然而在1595年,英国议会的一项法令却中止了长弓的使用,弓箭和它所代表的冷兵器就此退出历史舞台,而火枪则迎来了美好的明天。

早期的火枪

其实,早期的火枪和弓弩相比并没有什么优势可言。早期的火枪在战斗中仅仅是作为冷兵器作战的辅助工具,往往是以整齐的阵列来进行战斗的。这时的火枪不仅命中率低、射程短,而且射击速率慢,使用起来极为不便。每次开枪后都要有很长的时间去装弹,才能开第二次枪。有人还对早期的火枪和弓箭等武器做了杀伤实力的分析,根据兵器的射程、发射速率、精度和可靠性等,弓弩和火枪的理论杀伤力就被测算了出来。结果显示,无论是16世纪的火绳枪和17世纪的滑膛枪,还是普通弓箭和十字弓,

弓箭的发明是人类技术的一大进步，说明了人们已经懂得利用机械存储起来的能量。顾名思义，弓箭是由弓和箭组成。弓由弹性的弓臂和有韧性的弓弦构成；箭分三个部分，包括箭头、箭杆和箭羽。箭头为铜或铁制，杆为竹或木质，羽为雕或鹰的羽毛。

早期的火枪命中率比较低

它们的杀伤力都比不上长弓的杀伤力。直到18世纪燧发枪诞生之后，火枪的杀伤力才赶得上长弓的杀伤力。

长弓的末日

虽然火枪杀伤力不如长弓，但是军方仍然看好这种热兵器。16世纪20年代，意大利战争结束时，欧洲大陆主要国家都已经使用火绳枪作为军队的标准射击武器了。随着大规模战争的需要，火枪手越来越被人们所看重。

1595年，在英国的议会上，一场关于军方究竟是使用火枪为标准武器还是依然使用长弓为主要武器的辩论展开了。通过激烈的辩论，火枪拥护者在这次辩论中彻底胜利了。

最终，英国议会通过了《终止长弓法令》，要求"在未来征召的军队当中，长弓不

再被认为是一件合格的武器。这个标准适用于任何地区的任何人。所有射击部队都必须装备火绳枪或者滑膛枪"。这不仅仅是长弓的末日，也基本上意味着欧洲冷兵器时代的结束和热兵器时代的开始。

将火枪发挥到极致

在《终止长弓法令》颁布之后，弓箭等冷兵器才逐渐被强制淘汰。欧洲早期的火枪战斗如同欧洲人的绅士风度一样，即使打仗也会选择晴朗的天气，各自排着整齐的队列进行战斗，而不接受死板传统阵型的拿破仑，却彻底打乱了方阵战术。

拿破仑认为火枪兵不能过于集中，但是在对付对方骑兵的时候又要快速组成小的火枪队，以密集火力来抵抗对方的冲击。在拿破仑眼中，火枪已经不再是简单的防御工具，方阵也不再是最佳的作战方式了，灵活的阵型才是发挥火枪优势的最好方法。拿破仑依靠火枪和他独到的排兵布阵方法，成为了当时横扫欧洲的军事天才。

◆兵器简史▶

中国古代认为"弓生于弹"，即弓箭的产生与弹弓有着密切的关系。在甲骨文中，"弹"的写法是一张弓在弦的中部有一个小囊，用以盛放弹丸。在虎狼出没、部落冲突频发的原始社会，弓箭在发明后，立时成为最热门的兵器，而且，这种兵器的优势一直保持到近代火药枪械发明前。

兵器
知识

> 变速子弹的助推力源于铝、水反应
> 抛绳子弹能用弹丸将绳索抛到远处

子弹的发展 >>>

在战争时期,子弹是击杀敌人或进行破坏的最简单工具。子弹伴随着枪的发展,从几百年前简单的铁丸发展到现在各式各样的子弹,其间经历了很多次变革,每一次变革,子弹的威力和性能就会有一次明显的提高。而现代科学技术在军事领域的广泛运用更使传统的枪弹家族发生了巨大的变化,出现了许多更加奇特、奇妙的成员。

早期子弹

在热兵器时代来临后,子弹已成为战场上不可或缺的杀伤武器。从第一支火枪发明以来,已经有数以千万计的人被子弹杀害。世界上几乎所有的军事强国,都在努力地提高子弹对人身体的杀伤力,获得战斗中的优势。

早期的突火枪使用的是铁砂作为子弹,由于黑火药的威力有限,这些铁砂对较远距离的人员几乎没有伤害。在欧洲,火绳枪出现以后,曾经用石粒作为子弹,后来枪膛出现膛线以后,又改用铅作为子弹。铅熔点低,易于加工,在不打仗的时候,火枪兵自己也可以加工制作子弹。这样的子弹一般呈不规则球形,杀伤力也一般。

现代子弹

早期手枪使用的都是球形弹丸,这种弹丸发射时易发生不规则变形,射击精度差。1828年,法国军官德尔文将球形弹丸改成长圆形,结果发现这种长圆形子弹完全消除

了球形弹丸射击精度差的缺点。之后,子弹全都变成了长圆形。

现代的子弹大体上由弹头、弹壳、装药、底火四部分组成。按子弹弹头击中目标后的状态可以分为实心型、扩张型和粉碎型,而且弹头的形状不一样,击中目标后产生的效果也不一样。实心弹一般是尖头的,扩张型和粉碎型的子弹弹头形状和结构都比较

🔾 子弹

奇特。弹壳一般用黄铜合金制成,弹壳的形状大体上是一个筒状金属壳,但是不同用途的子弹弹壳在细节上依然有所不同。现代使用的全自动和半自动枪械的子弹弹壳的边沿直径和主体直径大致一样。现代子弹使用的火药基本上都是无烟火药。

子弹旋转的秘密

我们知道,枪械设计的最终目的就是要把子弹射向目标,而枪械的改变对子弹也有很大影响。1854 年,英国测量员意特沃斯奉命改进枪的性能,正当他无计可施时,忽然间联想到小孩玩的陀螺。他认为,陀螺之所以能旋转,是因为它不仅能围绕着本身的轴线转,而且陀螺轴线还围绕着垂直轴线旋转,转得越快,站得就越稳,摆动角越小,因而不但保持方向不变,还不受外界环境的影响。于是,他很快在枪管内刻制螺旋膛线。遗憾的是他的发明没有受到重视,直到1865年,膛线才在枪上获得广泛的应用。

隐藏在枪膛内的膛线,凹下去的小槽被称为阴膛线,凸起的部分称为阳膛线。两条相对阳线之间的垂直距离叫口径,子弹头的直径比口径稍大一些,这叫过盈,只有这样,才能使子弹头嵌入膛线而旋转。

膛线的发明与应用无疑也是人类最聪明的发明之一,因为枪膛内带有膛线的火枪的确可以保证子弹可以飞得更远、更直。

枪弹的分类和颜色

子弹也叫枪弹,指用枪发射的弹药。从19 世纪开始,枪弹伴随着枪的发展,走向了现代化、功能化、多用化的道路。尤其经过20 世纪两次世界大战,枪械与枪弹得到进一步的发展,从而使枪弹更加系统化、功能化、多样化了。于是枪弹的区分更加明确:

⬆ 子弹旋转而出的动力

从枪械来分,有了手枪弹、步枪弹和机枪弹;从口径来分,有大口径枪弹(口径大于 12 毫米)、普通口径枪弹(口径在 8 毫米左右)、小口径枪弹(口径在 6 毫米以下);从种类上分,有普通弹、特种弹。

由于枪弹家族的成员种类繁多,用途也各不相同,为了在战斗中便于区别辨认,人们便在弹头的尖端涂上各种不同的颜色。比如普通弹的弹头不涂色或涂银色,特种弹中的曳光弹弹头涂有绿色、燃烧弹弹头涂有红色、穿甲燃烧弹弹头涂有黑色、瞬爆弹弹头涂白色,真是五颜六色。

可怕的"达姆"弹

子弹的种类繁多,样式千差万别。不

"达姆"弹是一种伤害性很大的子弹

过，在子弹的家族中，有一些子弹在国际上是禁止使用的，"达姆"弹就是其中之一。这种子弹非常可怕。人体如果被它击中，子弹就会在人的身体内爆炸，把人体的中弹部位炸得一团稀烂，就连肉皮都会被炸翻过来。

"达姆"弹的产生缘于一个名叫达姆的兵工厂。这个兵工厂生产了一种奇怪的子弹。它的被甲很薄，里面填充了毒铅，并且截去了弹尖，弹丸儿的铅芯外露。当它击中人体后，就会迅速变形和破裂，变成蘑菇状，碎裂成许多多不规则的碎片嵌入人体，对人体造成爆炸型杀伤。由于"达姆"弹对人体有不人道的过度杀伤，早在1899年，它就跟毒气弹一起被列为战场上禁止使用的子弹。

更怪异的M193弹

自从在国际海牙会议明令禁止后，"达姆"弹在战场上几乎销声匿迹，但子弹中的各种"怪胎"还是层出不穷。例如，M16自动步枪在20世纪60年代使用了一种M193弹。它实际上比"达姆"弹还要厉害。

M193弹的出膛速度快、被甲薄、内部充实着铅，枪膛线缠度赋予弹丸的旋转速度刚好能满足弹丸在大气中飞行的稳定，一旦它进入人体，就会立刻失去稳定性，进而在人的身体内打滚、变形和分裂开来，从而对人体肌肉和内脏各个器官带来了多重伤害。研制和使用这种杀伤力极大的子弹的国家理所当然地遭到了国际社会的谴责。

由于这些"怪胎"子弹都具有不人道的过度杀伤作用，因而，它们一经问世就受到了国际舆论的强烈谴责，这些子弹在枪弹的发展史上只不过昙花一现。

增加子弹威力的土办法

除了各种增加子弹威力的设计之外，民间及军队也流传着各种各样关于如何提升子弹威力的土办法。

根据民间传说，在装弹前用头皮蹭蹭弹头可以有效增加子弹的杀伤力，达到接近"达姆"弹威力的水平。然而事实证明，这个方法纯属无稽之谈，除了心理上的作用，并没有任何实质的帮助。据分析，这种说法最初的版本是因为磨弹头可以增加威力，从原理上而言，如果磨掉的弹头前端的被甲露出铅芯就等同于裸铅弹，确实能够增加杀伤力。但是后来经过口口相传，就演变成了现在的版本。

除此之外，民间还流传着剪断步枪弹的弹头、用尿液浸泡子弹、在弹头用刀刻十字等土办法，但这些方法并不是那么行之有效的，即便是有效也会带来很多问题，所以并不值得推广。

拐弯枪弹是美军科学家研制的一种神奇子弹，发射后子弹如同影子一样紧随目标，如果目标拐弯，子弹也随之拐弯。它与普通子弹的最大区别是子弹有一个制导系统，其作用是及时跟踪目标和控制方向，可以狙击命中数千米外的目标。

兵器解密

新奇的子弹

现在，我们对普通枪弹的基本用途、形状、构造、材料等并不陌生，而随着科技的进步，新材料、新工艺在军事领域的广泛应用，世界上出现了很多更加奇特、功能更加奇多，形状更加奇妙，材料更加新型，远远超过以往的样式的子弹。

众所周知，子弹都有弹壳。弹壳一般用镀有铜锌合金的软钢制成，其外形不尽相同，有的形状像瓶子，有的形状像圆柱体。其作用主要是用来固定弹头，保护发射药不受外界影响，避免持续射击时因膛内高温而自燃，减缓发射药老化变质，并使枪弹在弹膛内定位。而德国一家公司却生产出了一种无壳子弹。它是代号为G11的手枪弹，主要采用耐温新型发射药而压模成一个坚固柱体，把弹头和底火分别嵌在火药两端，其重量仅相当于普通子弹的1/5，这一枪弹的问世，被称为轻武器发展史的新革命。

除此之外，还有染色子弹、变速枪弹、会拐弯的子弹、能抛绳子的子弹等。看来，这都要感谢科技的发达，正是现代科学技术在军事领域的广泛运用，才使传统的子弹家族发生了巨大的变化，出现了这么多的新成员。

❂ 现在小口径手枪和自动步枪使用的子弹，其口径大多是5.59毫米，弹长在7—27毫米之间；普通的手枪子弹口径在5.45—12.7毫米，弹长在15—40毫米之间；普通的步枪子弹口径在4.32—15.24毫米之间，弹长在30—113毫米。

瞄准器的出现 >>>

现代枪械中，尤其是步枪——经常配备有其他一些设备，用来增加枪械的性能，或者扩展枪械的作用。由于装备了这些设备，枪械的性能和作用都得到了很大的提高，瞄准器就是其中一种重要的设备。人们常说，举枪是基础，瞄准是前提，击发是关键。要想瞄得准，枪支上必须有设计合理的瞄准装置，瞄准器的有效性会直接影响到射击精度。

机械瞄准器

由于枪械性能、用途各不相同，其瞄准器也千差万别，但总的来说，可以分为两大类：机械瞄准器和光学瞄准器。

机械瞄准器也称机械瞄准装置，是最早诞生的瞄准设备。其具有结构简单、坚固耐用等优点，因此在枪械上得到了广泛应用。最早的枪械瞄准器诞生于15世纪，但真正具有实用价值的瞄准器则是从19世纪开始的。机械瞄准器一般由准星和照门组成，通常所说的"三点成一线"就是指瞄准器在使用时要保持照门、准星和目标三个点成一条直线。照门一般有方形/V形缺口和觇孔两大类，准星也有刀形、三角形和珠状等式样。与缺口式相比，觇孔式由于直径小，持枪者能够比较精确地将准星尖置于觇孔中央，射击精度比缺口式好，但观察范围受到限制，因此反应速度不如缺口式，对数量多的目标、运动着的目标以及光线不好的条件下射击时比较困难。由于两种照门各有所长，因此枪械究竟要采用哪一种，还是要依照设计

瞄准器

习惯而定。

常见的可调式瞄准器

机械瞄准器一般分为固定式瞄准器和可调式瞄准器。固定式瞄准器由不能调整的固定式照门和准星组成，一般只用于有效射程比较近的手枪上，如美国柯尔特M1911A1手枪等。

可调式瞄准器是枪械上最常见的一种的瞄准器，是在固定瞄准器的基础上发展而来的，一般可分为弧形座式、"L"形立框式、折叠式等。弧形座式瞄准器一般由表尺板、调节游标、表尺轴和片簧等部分组成。弧形座式瞄准器在步枪、机枪上使用非常广泛，如AK-47系列步枪以及RPK74机枪等。也有一些手枪采用这种瞄准器，如M1896毛

激光瞄准器是利用激光方向性好的特点而设计的。枪械上安装的激光瞄准器由微型激光器和光学装置组成，激光瞄准器主要依靠从目标身上反射回来的激光来瞄准，所以使用激光瞄准器的枪械的射程不太远，但它具有体积小、瞄准简单方便等特点。

瑟手枪、勃朗宁 M1935 等手枪。

由于机械瞄准器一般只能在可视度良好的环境中使用，为了解决在夜间或光线不好的条件下使用的问题，大多数机械瞄准器上都装有简易夜瞄装置。这样一来，持枪者就能更好的完成射击任务了。

光学瞄准装置

由于机械瞄准器使用时主要依靠使用者的经验和技术，因此其误差也会比较大，一旦距离增大，其瞄准精度就会明显下降。为了解决这个问题，简化持枪者的瞄准过程，提高远距离的射击精度，各种光学瞄准器应运而生。

1904 年，德国的卡尔蔡司研制了一种具有实用价值的光学瞄准镜，并在第一次世界大战中使用。在第二次世界大战中，瞄准镜开始发展成熟。目前，瞄准镜主要有：望远式瞄准镜、准直式瞄准镜、反射式瞄准镜、潜望式瞄准镜等。

各有千秋

在各种光学瞄准镜中，以望远式瞄准镜和反射式瞄准镜最为流行。望远式瞄准镜是最早诞生的光学瞄准器，其具有放大作用，能看清和识别远处的目标。反射式瞄准镜是利用反射镜反射回人眼的光线形成的瞄点来瞄准目标的，使用者通过它，可以忽略瞄准过程中的视线偏移，以达到快速瞄准的目标。但缺点是这种反射镜加工成本比较高，瞄准器的体积比较大。

如今，各种瞄准器花样繁多，各有优缺点，因此，我们很难说哪一种瞄准器是最好的。但我们不可否认的是，它们都在自己适合的枪械上发挥着自己的力量。

瞄准镜

狙击手的战争 》》》

"于万军之中取上将首级"的人在古代被看做是军队中的猛士,要做到这一点是极为困难的,而在狙击步枪诞生之后,一切都变了。一旦狙击步枪的声音回荡在战场上的时候,往往都会有一个人倒下,而这将有可能会影响某一场战争的发展,有时还可能改变历史的进程,而这个奇迹就是狙击手创造的。

改写历史的子弹

对于一名狙击手来说,他们枪中的每一发子弹都是至关重要的。有时候,一发子弹就足以改变战争的胜败,甚至可能改变历史的轨迹。

在北美独立战争中,英国军队中的帕特里克·弗格森倡议建立和发展的狙击手部

在二战中,加拿大的狙击手也是侦察兵。

队,被美国大陆军称为英国殖民军中最危险的部队。弗格森本人也是一位著名的狙击手,然而他最终出于绅士作风而没有射杀在他射程范围内的乔治·华盛顿,他本来是有机会作为一个狙击手而改变整个历史的。具有讽刺意味的是,弗格森本人却在1780年10月被大陆军的肯塔基步枪手在约460米距离上打死,他的部队投降后,英军将领康华利将军被迫放弃了对北卡罗来纳州的进攻。

我们不难设想,假如弗格森射出了那颗子弹,那么美国独立战争的历史将要被重新改写了。

最有分量的一颗子弹

除了弗格森那发没射出的子弹外,还有一些子弹在狙击手的手中在不经意间改变了战争的进程。

在萨拉托加战役之初,英军统帅约翰·伯格因按照自己的如意算盘,将主力部队放在了右翼,由弗雷瑟准将率领。而伯格因自己则坐镇中军,靠右翼前进。在作战中,弗

雷瑟带领一支精锐的部队奋勇拼杀，一度给了英军右翼很大的保护。当时，弗雷瑟骑在一匹铁灰色的战马上，身着校级军官的制服，因而成了摩根的狙击手们眼中的活靶子。

弗雷瑟的死直接影响了战局，导致英军统帅约翰·伯格因的突围计划破产，萨拉托加战役由此成为北美独立战争的转折点，而打死弗雷瑟的人是一名叫墨菲的狙击手。从某种意义上来说，狙击手墨菲射出了也许是人类历史上最有分量的一颗子弹。

⬆ 伪装等待时机开枪的狙击手们

看不见的魔鬼

狙击手尽管出现的很早，而真正具有现代意义的狙击手出现是在第一次世界大战中。1914年，第一次世界大战爆发，由于参战各国都大量挖掘战壕，所以作战模式很快就变成了阵地战，或者更确切地说是战壕战。每次进攻的一方都要付出相当大的代价，进展还不一定顺利！为了打破僵局，德国首先从猎人和护林员中挑选了一大批枪法出众的人组成了狙击手部队，专门狙杀战壕中的英法军队和俄军。

第一次世界大战期间，德国狙击手几乎横行整个欧洲战场，对协约国军队构成巨大的威胁。协约国士兵对那些幽灵般出没于战壕中的德国狙击手惊恐万分，将他们称为"看不见的魔鬼"。

再次占据战场

到了第二次世界大战时，德军依然选择了猎人和护林员为重点培养对象。在德国的狙击手学校中，主要教给学生包括射击、潜伏、伪装、目标识别和野外生存等。尤其是野外生存，远远比练好技术更加重要。因为一名狙击手最难的是要在隐蔽处潜伏几个小时，甚至几天来等待开枪的机会。通常，一名狙击手在黎明前就出发进入隐蔽点，一直坚守到太阳落山才能撤出隐蔽点休息。有时在执行个别任务时，甚至会接连几天得不到任何补给，一切生存问题都要靠自己解决。

经过一番刻苦训练而投入战场的德军狙击手实力不凡，立刻成为战场上新的"隐形杀手"。因此第二次世界大战初期，德军的狙击手用出色的技术和手中性能良好的98K狙击枪，再次占据了战场。

狙击手在行动时，非常注意隐蔽性。

狙击之王

在脍炙人口的《游击队之歌》里有这样一句歌词："我们都是神枪手，每一颗子弹消灭一个敌人。"这是对战场上神出鬼没的狙击手最准确的形容。据统计，"二战"时平均每杀死一名士兵需要2.5万发子弹，越战时平均每杀死一名士兵需20万发子弹，然而同时期的一名狙击手却平均只需1.3发。在"二战"中，出现了许多优秀而著名的狙击手，他们冷静而自信、勇敢而充满智慧。

在第二次世界大战的狙击手排名里，苏联狙击手扎伊采夫只不过排在第12位，但是他却是最出名的一个狙击手之一，电影《兵临城下》将这个第二次世界大战的狙击手描绘成了一个真正冷静执著的狙击之王，就让我们来看看这个战争中的狙击手的故事。

不可避免的对决

在第二次世界大战中参战各方，除苏联外，一开始都忽视了狙击手的作用。原来，在1939—1940年的冬天，在芬兰冰雪覆盖的森林中，一群身披白色伪装服的狙击手几乎成为苏联军队的噩梦。虽然最终苏联依靠强大的资源和人数优势战胜了芬兰，但是苏芬战争中芬兰狙击手带给苏联军队的惨重损失成为苏联人最痛苦的回忆，因而苏联对狙击手的作用有了极其清醒的认识。

由于苏联狙击手扎伊采夫有着弹无虚发的射击绝活，被团长梅捷廖夫中校所赏识。他亲自授予扎伊采夫一支带瞄准镜的狙击手步枪，并要他挑选十来个战士组成狙击手小组，专门负责射杀单独或零星出

◀■兵器简史■▶

狙击手的英文写法是Sniper，这个词和沙锥鸟有关，它的英文名字是Snipe。这种鸟的飞行速度快，而且飞行轨迹多变，很难被击中。因此，能击落这种鸟的猎鸟人枪法都很高超，就被冠上了Sniper的称号。此后，Sniper就成为国际上对于狙击手这种特殊兵种的正式叫法。

现代的狙击任务一般以小组的形式完成，通常包括一名狙击手和一名观测员，后者有时候也是第二狙击手。一般来说，除了必备的狙击步枪外，狙击手的装备还可以包括手枪、伪装服、伪装油彩、望远镜、无线电通讯设备、红外或微光夜视仪、地图、指南针和食物等。

兵器解密

没的德军。他们经常在德军的伙房、厕所附近打埋伏，有时也潜伏到德军阵地前，专打德军炮兵的观察员、坦克的瞭望镜和德军军官，有时一天竟能消灭几十名敌人。

被彻底惹怒的德军发誓一定要铲除扎伊采夫和他的狙击手小组。德军先后召集的几名狙击手都有去无回地败在了扎伊采夫和他的狙击小组手下。最后，德军动用了他们的王牌狙击手——科尼格。至此，一场王牌对阵王牌的狙击战，就在他们二人之间展开了。

寻找和等待战机

科尼格是柏林狙击学校校长，出身于射击世家，拥有一手好枪法。科尼格接到命令后，很快就射杀了几名苏军官兵，并向扎伊采夫下了挑战书。扎伊采夫欣然应战，并连夜带着他的小组出发了。对于狙击手来说，轻微的失误就会葬送了自己的性命，而扎伊采夫的队员在埋伏中就犯了这样的错误。先是一名队员因划亮火柴抽烟而被打伤了嘴巴，后又因中了科尼格的诱敌之计而被射杀。紧接着，又有一名队员因违反了狙击手保持沉默的规矩而付出了牺牲的代价。

战友的牺牲让扎伊采夫非常内疚和自责，但扎伊采夫并没有轻举妄动。根据枪声的判断，扎伊采夫认为科尼格肯定就在附近。他分析了其可能躲藏的目标：坦克？土木碉堡？但都被一一否定。扎伊采夫仔细地寻找着蛛丝马迹，耐心地等待战机。

一枪毙命

当德军阵地上一个铁板边突然闪现了一丝亮光时，扎伊采夫根据以往的经验判断：这一定是狙击手的光学瞄准镜在发亮。于是，扎伊采夫让助手先盲目射击，吸引敌人注意，随后又学着科尼格的办法让助手举着钢盔引诱敌人。科尼格终于没有沉住气，开火了，并以为他已经把扎伊采夫打死，就悄悄地从铁板下露出了半个头来想看个究竟。趁此时机，扎伊采夫轻扣扳机，只听"砰"的一声，科尼格眼睛睁得大大的、带着惊讶的表情向后倒去……

从此，扎伊采夫的名字响彻了苏德战场。在整个斯大林格勒战役期间，扎伊采夫取得了击毙149名德军的战绩，至第二次世界大战结束时，他总共狙杀了400名德军。扎伊采夫和其他的狙击手们准确歼敌，袭扰德军，为苏军完成部署调整并最终战胜德军创造了有利条件。

瓦希里·扎伊采夫上尉是一位有名的二次世界大战时期苏联陆军狙击手。战后他被提升为陆军少将。苏联电影《兵临城下》的男主角就是以他为原型。

刺杀林肯 >>>

林肯总统是美国历史上最富有传奇色彩的总统。他领导南北战争，维护国家统一，废除黑奴制度，在美国历史上享有崇高的地位。但是，南北战争的枪声刚刚沉寂，一颗来自德林杰手枪的子弹从暗处悄悄地射出，夺去了林肯总统的生命。从此，德林杰手枪被人们和罪恶联系在一起。枪支本无罪，但是用枪的人却给它赋予了罪恶的身份。

遇刺身亡

1865 年 4 月 14 日晚，在首都华盛顿，林肯总统邀请格兰特将军及夫人去福特剧院观看歌剧《我们美国的表兄弟》。在去陆军部的途中，林肯忽然停下车犹豫起来，觉得自己是不是应该取消去剧院的计划，但很快便放弃了这个念头。

然而，就在林肯夫妇正在观看精彩的演出时，一个枪口已经偷偷地瞄准了他。晚上的 10 时 13 分，林肯身后发出了一声枪响，顿时鲜血从他的脑后涌出。总统夫人被这一幕惊吓得昏了过去。剧场里一片慌乱，凶手乘机逃跑了。总统的侍从和剧院的工作人员把林肯抬到了临近一座公寓的空房间里找来医生抢救，但是林肯伤势太重，一直昏迷不醒，总统夫人和亲友以及林肯的贴身工作人员都守在他身边。他的密友、美国陆军部长斯坦顿也在那里守了一夜。但是总统被抢救了 9 个小时后，还是于 1865 年 4 月 15 日永远地离开了他热爱的祖国和人民。最后斯坦顿悲伤地说了一句"他走了"。

🔊 林肯遇刺

凶手被击毙

其实，自从林肯就任总统后，南方叛党的暗杀计划就更加猖獗，他们一心想将林肯置于死地。由于经常发生恐吓事件，林肯表现得镇定自若，但过多的暗杀威胁也使他常常不由自主的预感到将来被暗杀的可能。他曾对《汤姆叔叔的小屋》作者斯陀夫人说过："不管战争如何结束，我预感到战争结束后，我是活不了多久。"惨痛的事实证明，林肯的预感是正确的。

林肯遇刺后，经过一番调查，事情终于初现端倪。凶手原来正是支持南方政权的

击发枪就是使用击发火帽(底火)点燃火药的枪械。击发枪的发明是人类克服这之前枪械缺点而诞生的。击发枪后来还发展成多管击发枪,一些美国西部牛仔常常身穿牛仔裤、头戴大沿帽、手握多管击发枪,骑着骏马到处行侠,这种多管击发枪比单发击发枪打得快。

兵器解密

兵器简史

正宗的德林杰手枪都采用由熟铁加工而成的带膛线的枪管,在锁板和枪尾上都刻有"德林杰·费城"的标志。虽然最早的德林杰手枪上没有刻有连续的顺序编号,但在很多零部件上都标有点火件的号码或字母。德林杰手枪改名后,出现了单管和双管的,口径和枪弹也有所变化。

分裂分子——约翰·纬可斯。他因为反对总统在南北战争中对南方叛乱者的镇压,多次表达想杀死林肯。据说,凶手得手之后,立即跳窗逃跑,但是他的脚受了伤,警察寻着他脚上留下的血迹找到了他,在双方冲突的时候,凶手被警察当场击毙。

罪恶的凶器

林肯总统不幸去世了,但外科医生和弹伤专家并没有停止调查,他们发现刺杀林肯所用的枪弹是一种手工制的硬金属弹头,发射装药仅0.65克。林肯头部创伤特点是有入口没有出口,就是专业术语中所说的盲管伤,这说明弹头的能量全部转移到了林肯头颅内了。20世纪70年代一份公开的创伤弹道文献中这样记载:"林肯头部中的是低速弹头,所以生命能持续了9个小时。"而凶手所用的枪是一支由美国著名的枪械设计师亨利·德林杰在1825年研制的口径为11.8毫米的德林杰击发枪。

这种击发式手枪外形美观,制作精致,有各种型号。由于德林杰手枪结构简单,携带方便,拔枪容易,所以非常适合在近距离的紧急情况下使用。

臭名昭著

尽管德林杰手枪拥有许多优点,但只是由于它成为刺杀林肯的凶器后,所以美国人将它斥为"notoriety"(臭名昭著)。因为林肯被刺,美国陆军和海军都拒绝使用它。倒霉的不只是这把枪,还有他的发明者和制造商,他们的枪生产出来却没有市场了。因为一听到这个名字,人们就会联想到那个令人憎恶的凶手。于是德林杰本人和英国一些枪械商人商量把 Deringer 这个姓氏中间多加一个"r",而且将首写字母改成了小写,成为 derringer,并且以这个新名字重新做了一个新的枪械系列,有单管和双管的。枪弹和口径也多样化了。并且民用、军用的他们都开始开发,这样果然又招揽了很多客户。

德林杰手枪

肯尼迪遇刺 >>>

肯尼迪是美国历史上最年轻的总统,一直被大多数美国民众视为历史上最伟大的总统之一。自从1960年肯尼迪成功当选为美国第35任总统后,他以积极、勤奋和富有活力的进取精神,开创了美国历史上一个崭新的时代。肯尼迪的一生充满了传奇色彩,而他的遇刺身亡,甚至四十多年后的今天,这个话题依然不时出现在报纸、杂志和影视剧中。

杰出的美国总统

自从肯尼迪成功当选为美国第35任总统后,这位白宫的主人给总统职务带来了新的作风、活力和智慧。他大力发展科技,重视艺术,积极支持包括医疗保险、教育补助、税收改革等一系列进步开明的国内计划。

尤为可贵的是,肯尼迪还颁布实施了维护黑人权利的"住房法案",开拓了美国民权立法的先河,为改善黑人的社会地位作出

了积极贡献。此外,在肯尼迪的领导下,美国还制定出了具有划时代意义的"阿波罗计划",在他的倡导下,美国还对世界许多不发达国家和地区进行技术援助,扩大了美国的影响。

肯尼迪在任期间成为美国历史上支持率最高的总统,被世人公认为是美国历史上最杰出的总统之一。

总统之死

1963年11月22日,肯尼迪总统携夫人杰奎琳前往得克萨斯州达拉斯,为总统竞选连任进行活动。在得克萨斯州州长康纳利的陪伴下,肯尼迪的专车驶入市区,目的地是达拉斯的贸易中心,在那里,肯尼迪将出席当地头面人物为他举行的午宴,并发表演说。

在前往市区时,肯尼迪总统一行受到沿途群众的热烈欢迎。到了中午时分,当车队进入埃尔姆大街,行经一座8层的图书馆大楼时,一声巨响打破了人群的喧闹。总统座驾上出现

肯尼迪在取得选举胜利后,与德怀特·艾森豪威尔总统在一起。

除了普通枪弹以外,意大利还为6.5毫米卡尔卡诺步枪研制配备了一系列不同用途的特种枪弹。比如,弹尖涂有深红色标记的曳光弹;弹头非常尖锐的钢心穿过甲弹;用于试射、显示弹道且具备终点爆炸效应的穿甲曳光弹;为了满足射击训练研制的教练弹等。

卡尔卡诺步枪

的一幕让在场的人意识到一出悲剧正在上演。一颗飞速而来的子弹直接击中了总统。杰奎琳,亲眼看着丈夫用手捂住了脖子,然后是第二枪、第三枪,肯尼迪顿时瘫倒在杰奎琳的脚下。与肯尼迪同车的康纳利州长也被击中。现场无数民众,都被这突如其来的变故吓呆了。

当肯尼迪被送到最近的医院时,他的心跳和脉搏都已经停止,所有的救助都无力挽回他的生命。

谁是凶手

肯尼迪遇刺身亡的消息被传播开来后,美国公众有点不敢接受这个残酷的现实,他们迫切想知道究竟是谁刺杀了他们心目中年轻有为的总统。

根据美国官方当时公布的材料,暗杀肯尼迪的嫌疑犯是一名24岁的青年,名叫李·哈维·奥斯瓦尔德,是美国前海军陆战队的神枪手。在事发后不到48小时,中央情报局抓获了他。但可疑的是,美国并没有对他提起诉讼,也没有对他进行认真的审讯。

11月25日,达拉斯警察局准备把奥斯瓦尔德押送县监狱,当奥斯瓦尔德被带出来时,一名叫做杰克·鲁比的酒店老板在众目睽睽之下开枪将他打死。

美国官方宣布,奥斯瓦尔德是刺杀肯尼迪的唯一凶手,是他致命的两枪击中了肯尼迪的要害部位,导致了肯尼迪的身亡。

致命的武器

那么,凶手是在哪里开枪的?他使用的武器是什么呢?一些证人向警方提供线索说,枪声来自马路旁边达拉斯教科书仓库的六楼。在仓库大楼六楼,警察发现窗户敞开着,现场有一支产自意大利的"卡尔卡诺"步枪、三个弹壳和一些烧鸡残骸。

卡尔卡诺步枪是意大利陆军在1891—1945年间正式装备的一种步枪,并且是意大利第一支使用无烟火药作为枪弹发射药的步枪。该枪发射的是波兰生产的6.5毫米×52毫米卡尔卡诺枪弹,弹仓容弹量6发。在同时受伤的康纳利的担架上,一发报废的子弹被发现,它是一个半径6.5毫米的铜壳卡尔卡诺子弹。正是这种罪恶的子弹要了肯尼迪总统的性命。

兵器简史

意大利6.5毫米曼利夏·卡尔卡诺枪弹,又称意大利6.5毫米步枪弹、意大利6.5毫米卡尔卡诺步枪弹、6.5毫米M91/95步枪弹等。1891—1945年间为意大利制式枪弹。"二战"前对其进行了改进,初速提高到756米每秒。此弹及其配用的卡尔卡诺卡宾枪是"二战"期间意大利的主要装备,并被"二战"参战国广泛采用。

兵器
知识

> 达姆弹被士兵们习惯地称作"炸子儿"
达姆弹会对人体造成爆炸型杀伤

拉宾遇刺 »»

以 色列政治家、军事家伊扎克·拉宾,是首位出生于以色列本土的总理,也是首位被刺杀和第二位在任期间辞世的总理。他曾是战争的英雄,但晚年却成为人们心目中的和平英雄。他曾与阿拉法特为敌,但后来两个人握手言和,于1994年一起获得诺贝尔和平奖。他让人们看到了中东和平的希望,却不幸在1995年遇刺身亡。

↑ 拉宾

血溅和平集会

1995年11月4日晚上8时,以色列特拉维夫市中心国王广场上,一个以色列群众祈祷和平的集会正在举行。半小时后,73岁的以色列总理拉宾也来到了这个集会上,

他缓步走上讲台,用坚定而浑厚的语气进行了一段讲话。

"请允许我这样说,我被深深地感动了。我要感谢今天在场的每一个人,因为你们都是为了反对暴力、拥护和平而光临的……"拉宾讲话结束后,人们开始唱起了《和平之歌》。

当天晚上9时30分,集会结束了,拉宾手挽夫人莉娅缓步走下台阶。拉宾一边走,一边与热情的群众握手。当他来到自己的防弹轿车旁的时候,一个埋伏在车门旁的男子举起手枪,向拉宾腹部开枪射击。当拉宾捂着腹部时,残暴的凶手又扣动了扳机。

在安息日长眠

保安人员迅速制服了凶手,同时,防弹轿车载着受伤的拉宾风驰电掣般驶向医院。当医生看到受伤的拉宾时,他们震惊了。两颗子弹,一颗打中了脾脏,另一颗击中了脊椎。而其中一颗竟然是国际上被严令禁止使用的"达姆弹"!当医生小心翼翼地取出拉宾体内的子弹时,达姆弹所造成的破坏性受到达姆弹的启发，英国曾在 1897 年研制出杀伤效果和精度都更好的空尖弹，其实就是在弹头前端开一段空腔改装而成的。这种扩张性弹头因为不人道而受到其他的国家的谴责，最终在 1899 年签署的海牙国际公约中，被明确规定严禁使用。

兵器解密

爆炸已经损坏了拉宾的内脏，大量血管破损。

晚上 11 时，医生和护士含着泪走出急救室。拉宾的助手走出医院向守候在外面的人宣布：总理遇刺身亡。这一天，正是犹太教的安息日。

达姆弹的渊源

我们知道，普通的枪弹往往无法一枪毙命，对方虽然受伤，但只要不伤害到重要部位，救治及时就能活命。那么射杀拉宾的达姆弹为何这般可怕呢！

达姆弹起源于驻扎在印度的英军士兵。在 19 世纪末期，驻印度和阿富汗的英军士兵发现他们的敌人无论是勇气还是毅力都远远地超过了自己，而手中的枪丝毫无法压制对方，他们装备的步枪的杀伤效果不如原先装备的马蒂尼亨利步枪。于是在印度加尔各答附近的达姆兵工厂为了解决子弹杀伤力问题而研制出一种新型枪弹，这种枪弹在弹头前端露出一小部分铅芯，这样较软的弹尖部在进入肌体后会比较容易膨胀变形，利用铅容易变形的特性，使新型枪弹可以有

令人感到恐怖的达姆弹

效地把能量传递给肌体。

刺杀的原因

那么，凶手为什么要杀拉宾总理？他所使用的枪支又是什么呢？经过调查，刺杀拉宾的是一名右翼激进主义分子以该·埃米尔。原来，拉宾在任总理期间，签署了奥斯陆和平协议，该协议授予巴勒斯坦自治的权利，并承认巴勒斯坦人对加沙地带和约旦河西岸地区的部分控制。奥斯陆协议使拉宾在以色列国内的形象两极分化，一部分人将他视为带来和平的英雄，一部分人则视他为出卖以色列国土的叛徒，埃米尔正属于后者。

拉宾遇刺身亡后，以色列人每年都举行集会纪念拉宾遇刺，事发所在的广场也因此改名为拉宾广场。以色列大多数人认为，尽管拉宾遇刺，但他留下的希望之火并未熄灭，他的和平梦想终将实现。

> **兵器简史**
>
> 1995 年 11 月 5 日下午，拉宾的葬礼在耶路撒冷的赫茨尔山公墓举行。来自世界 80 多个国家的代表出席了这一悲壮的仪式，其中有 13 位国家元首、22 位政府首脑。没有国歌、只有眼泪的葬礼在犹太教比的诵经中结束。墓地上只插了一块小木牌"伊扎克·拉宾，1922—1995"。

手枪世界

　　如果把枪械比作是世界兵器家庭中璀璨无比的皇冠，那么手枪则是这顶皇冠上熠熠生辉的明珠。尽管手枪在战场上的作用不如飞机、大炮，但在历史上，它仍扮演着非常重要的角色。随着时间的推移，手枪的样式也开始不断变化，每一次变化都会让我们惊叹。我们可以从火绳枪看到骑士的无奈，也可以从转轮枪看到西部牛仔的风采，还可以从驳壳枪中看到中国抗战英雄的英姿。

最早的突火枪 >>>

大约在公元10世纪北宋初年，火药武器开始用于战争。从此，在血雨腥风的战场上，又弥漫起了滚滚硝烟，传来了火器的爆炸声响，开创了人类战争史上火器和冷兵器并用的时代。这个时代的火器可以分三个发展阶段：初级火器的创制、火铳的发明和发展、火绳枪炮和传统火器同时发展。突火枪就是这时候的产物，并被视为近代枪械的鼻祖。

火药武器的出现

火药的发明，距今已有一千多年的历史了，它是古人为求长生不老而炼制丹药时发明的。火药用硝石、硫磺和木炭这三种物质混合制成的，而当时人们把这三种东西都作为治病的药物，所以取名"火药"，意思是"着火的药"。

自秦汉以后，炼丹家用硫磺、硝石等物炼丹，从偶然发生爆炸的现象中得到启示，再经过多次实践，找到了火药的配方。由于火药的发明来自制丹配药的过程中，在火药

近代黑火药的主要成分是硝酸钾

发明之后，曾被当做药类。《本草纲目》中就提到火药能治疮癣、杀虫、辟湿气、瘟疫。由于火药并不能解决长生不老的问题，所以，它的配方由炼丹家转到军事家手里，于是，古人利用火药发明了许多火药武器，如火箭、火炮、火枪、火蒺藜等。

管形火器的发明家

在南宋初期，火药已经普遍应用于战事，加之当时北方的金兵不断侵犯干扰，一些军事家和武器专家们就想利用火药来改进兵器，提高战斗力。

当时，德安（湖北孝感地区）守将陈规经过苦心钻研，发明了一种可以震慑敌人的管形火器。这种枪用竹管做枪身，里面装满火药，药线引在外面。打仗时，由两个人拿着，点燃后发射出去，用来烧伤敌人。这种用竹管制成的火枪，就是最早出现的管形火器。

据说有一次，当金兵攻城时，陈规率领一支火枪队，跟在三百多头火牛后冲出城门，用火枪对金兵集中喷射，最终取得了守

火铳是在突火枪的基础上发展起来的，虽然形体较小，但已是火炮的雏形。火铳以火药发射石弹、铅弹和铁弹。它们在构造上基本相同，都由前膛、药室和尾銎构成，是元时期军队的重要装备。同火枪相比，火铳的使用寿命长，发射威力大。

兵器解密

↑ 突火枪在南宋时已经出现

城战的胜利。但这种竹制的管形火器的杀伤力非常有限，作用距离也不远，不能满足作战的需要。

突火枪的出现

这种管形喷射火器以后又有了发展。南宋绍定五年（1232年），蒙古军进攻南京时，守城金军使用的飞火枪，将纸制的火药筒绑缚在矛柄上，近战中既可喷火伤人，又能格斗拼刺。虽然是"飞火"，但在火药中还掺杂着铁滓、磁末等，与火焰同时喷出，也能起一定的杀伤作用。到了理宗开庆元年（1259年），寿春府（安徽寿县）地方的火器研制者创制了"突火枪"，"以巨竹为筒，内安子窠，如烧放，焰绝然后子窠发出如炮声，远闻百五十余步。"意思就是说，这种枪以巨竹筒为枪身，先在竹管里装上火药，然后放入类似子弹的"子窠"（即瓷片、碎铁片、石子一类东西）。使用时，用火点燃火药，

"子窠"借着火药气体的力量被抛射出去，同时伴随有强烈的响声，其声响可传到100米远。其实，这种突火枪所能真正起到的也仅仅是威慑敌方的作用。由于其枪管是竹管，射击几次之后，枪管末段的竹质就会因为火药爆炸时的灼烧而变得十分脆弱，摔在地上而折断；甚至还会在发射时炸裂。

历史意义

突火枪的威力虽然不算很大，但从原理上来说，突火枪已采用火药作为发射动力，"子窠"具有一定的杀伤力。它是人们经过一个多世纪的长期探索，终于在用人力发射的弓箭和球之后，第一次用化学能发射弹丸的成功尝试。因此，突火枪被认为近代枪的鼻祖，而且，突火枪的研制是把燃烧性火器过渡到管形射击火器的发展阶段，为金属管形射击火器——火铳的创制奠定了基础。

从突火枪的研制史来看，显然，火药的发明促使了管形火器的问世，而管形火器孕育了现代的枪、炮，这对武器的发展和战争本身都产生了巨大的影响。

兵器简史

由于用竹管制成的火枪枪身容易被烧毁或炸裂，而且这种火枪的射程短，威力不大，不能耐久使用。在13—14世纪初，人们开始用金属管火器。在我国古代的兵器中，对枪、炮的划分不明确，起初也没有一定的制式和标准。金属管火器出现以后，人们才将口径大的叫做铳、炮；口径小的叫枪，有的称铳、筒。

> 火绳枪不能用两只手托枪瞄准
> 火绳枪在下雨天气时使用非常受限制

兵器知识

火绳枪 >>>

在 15世纪初,欧洲出现了原始的步枪——火绳枪。火绳枪就是靠燃烧的火绳来点燃火药,故名火绳枪。火绳枪在火器发展史上具有里程碑的意义,是现代步枪的直接原型。在骑士时代结束之后的战役里,火绳枪创造着一个个令人惊奇的战役。枪支的优势远远取代了人数的优势,冷兵器时代的厮杀场面被浓烈的硝烟和致命的枪林弹雨所取代。

火绳枪的简介

15世纪初,一位英国人发明了一种新的点火装置,他用一根可以燃烧的"绳"代替烧得红热的金属丝或木炭,并设计了击发机构,这就是在欧洲流行了约一个世纪的火绳枪。

火绳枪表面上有一个枪栓、一个枪托和一支枪管,已经很接近现在的步枪了。但是它们的工作原理却相差很大。火绳枪是一种从枪口装子弹的枪,先装入火药,然后再装入弹丸,接着用一根通条把弹丸塞紧,通常我们称这种枪为前装枪。这种设计的点火方式依然很原始,火绳枪就是靠一根燃烧的导火绳来发射的。这个绳子的原料是硝酸盐,也就是用钾硝溶液浸泡过,它可以缓慢燃烧。通常在战斗时,士兵会快速地将它伸进那个像原始撞击锤一样的部分。只要扣动扳机,烧着的火绳便被撞入到火药池内,接着它就会引燃主弹仓里的火药。

被称为鸟铳

在中国,火绳枪曾被称为鸟铳。那是在明朝嘉靖年间,明军在广东新会西草湾之战中,从缴获的两艘葡萄牙舰船中得到西洋火绳枪。明王朝的兵仗局很重视仿制火绳枪,制成了鸟铳(鸟铳是明朝对新式火绳枪的称呼,因为枪口大小如鸟嘴,故称为鸟铳,又称鸟嘴铳)。

鸟铳的主要特点首先是铳管前端安有准心,后部装有照门,构成瞄准装置;其次

🔴 火绳枪见证了枪械的一段历史

火绳枪的威力巨大，普通盔甲是无法防住这种火器的子弹的，当人们注意到这一点的时候，一些军工行业除了生产火绳枪以外就是积极地生产"防弹盔甲"。工匠们常常用火绳枪来射击自己制造的盔甲，并将留有弹痕又没有击穿的盔甲展示给买主看，以显示自己的精湛手艺。

是设计了弯形铳托，发射者可将脸部一侧贴近铳托瞄准射击；再次是铳管比较长，细长的铳管使火药在膛内燃烧充分，产生较大推力，弹丸出膛后的初速较大，可以获得较远的射程。

巨大的声音

到了16世纪中期，战争方式和社会结构都被火绳枪改变了。

火绳枪被关注的原因不仅是威力大，而且巨大的声音产生的震慑力也是相当可怕的，这种巨大的心理震慑力也是战场上一个有力的心理学武器。即使是用过的人，都会在别人开枪的时候被吓一跳，没见过的人就更可想而知了。火绳枪的巨大响声来自于它那枪筒里大量的火药，手工填入的火药很难掌握分量，而且早期的火药配比质量也是参差不齐，没有一个固定的判定，这样难免出现一些品质低劣的火药。为了将枪弹发射出去只好加大火药量，也就是这个唯一的解决方法使得火绳枪在开枪时产生了巨大的声响。

兵器简史

随着点火装置的改善，在16世纪西班牙人研制成功了滑膛火绳枪。滑膛火绳枪的枪管变得更长，发射的弹丸更重，而且弹丸的速度更高，射程也更远。伴随着火绳枪的发展，人类的战争从冷兵器进入到热兵器时代，到17世纪末期燧发枪开始大规模取代火绳枪的时候，冷兵器已经退化成辅助手段。

节日中的鸣枪仪式

火绳枪的缺点

火绳枪作为第一种可以真正用于实战的轻型射击武器，威力巨大，但它也有致命的缺点。首先，这些枪很危险。如果直接用燃烧的火绳来点火，扳机扣动后，火绳就像火蛇一样快速蹿入枪管将火药点着。但是枪手身上也挂着很多火药袋，一旦靠近火绳的黑火药被不小心点燃，枪手就会在瞬间成为碎片。而在夜间战斗的时候，那些点燃的导火绳也会暴露士兵所处的位置。

在今天看来，火绳枪似乎还有很多的缺点，但是它低廉的价格、便利的维修方式以及强大的杀伤力依然是当时战争的首选武器。

燧发枪 >>>

燧发枪的发明是人类历史上最伟大的发明之一，它改变了战争的方式，成为军事史上使用时间最长的一种武器。燧发枪与过去的火绳枪相比，射速快，口径小，枪身短，重量轻，后坐力小。17世纪末，这种枪普遍装上了刺刀，将冷兵器和火器完美地结合起来，弥补了射速慢的缺陷，成为当时欧洲各国的主要作战武器。

↟ 燧石

和燧石有关

燧石摩擦能产生火花，这种现象古人早已发现，但是除了生火以外，一直没有引起人们太大的关注，直到16世纪中叶出现了燧发枪。燧发枪也叫做燧石枪或者燧火枪。在制枪作坊里，那些工匠们研究了燧石和铁片的区别后，发现也许用燧石代替铁片作为点火器可能更好些。最后他们决定用燧石代替铁片作为点火器。他们的选择是对的，

事实证明燧石比铁片更耐磨也更坚硬，在重复撞击下，它的寿命比铁片更长，而且结构更简单。

燧发枪的填弹方式依然是枪口填弹，使用者将枪管竖起装入火药，最后放入铅弹，用通条将铅弹紧紧地压在火药上。把火药装在火药池后，一块钢片盖在了火药池上，击锤被扳起来后，扣动扳机，燧石瞬间撞击钢片产生猛烈撞击，撞击后产生的火星飞溅到了火药池内，引燃主弹仓的弹药，从而将子弹迅速地射出枪管。

早期的燧发枪

据枪械史专家考证，最早期的燧发枪叫做施那庞扎斯枪，这个枪的名字很有意思，"施那庞扎斯"就是偷鸡贼的意思。因为据说它的发明者就是一个偷鸡贼。它体现了偷鸡贼的精心设计，因为偷鸡贼认为，火绳枪的光亮和浓烈的火药味会让养鸡的农民和他的狗很快发现自己。所以，这些贼为了不暴露自己，于是设计并制造了这种枪。施那庞扎斯枪使用的就是燧石打火装置，它的

在各种形状大小各不相同的燧发枪中，最出名的就是英国的"布朗·贝斯"枪，从丰特努瓦战役到滑铁卢战役，它一直都是欧洲军队的标准步兵火器，因为它威力强大，可靠性好，装弹速度快。在1840年鸦片战争中，英国人就是用这种燧发枪打败了清朝军队。

兵器解密

击锤在工作时的样子很像那些公鸡啄食的样子。所以民间也叫它"啄枪"。施那庞扎斯枪虽然外观粗糙，但是却代表了一个新的枪械革新。它的弹簧和杠杆都装在外面，在受到天气和外力影响下很容易变形或损坏，所以，早期的燧发枪还不是很完善。

因改进燧发枪而成名

燧发枪的构造经历了由简到繁的过程。1615年左右，诺曼底的小村子里有个叫摩兰·勒贝茹瓦的法国人，他在搞到了一支施那庞扎斯枪以后，对这个枪做了改装。他将大部分部件，弹簧和卡锁等都安装在了枪支的里面，这样，只要小心使用，这种枪就很少受到外界影响。勒贝茹瓦的这种法国式的改良枪被很快传播开来，这就是我们今天所谈到的燧发枪。

多少火器的发明都是默默无闻的，甚至我们都不知道是谁发明了它们，但是这次不同了。摩兰·勒贝茹瓦一夜成名，他的名字被记载了下来，作为一个枪械的发明者被记载。法国国王亨利四世在位的时候任命他做了皇家随从。路易十三在位的时候他又被安排做了国王的专职机械设计师。

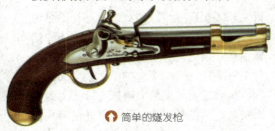

⬆ 简单的燧发枪

兵器简史

从17世纪中叶开始，燧发枪有了比较统一的制造标准，在此后的150年间不断发展起来。到了18世纪，欧洲的战争几乎都在使用燧发枪了，只是各个国家对枪的改进不一样而已。这种枪出现后，奥地利人和西班牙人靠它确定了自己的统治地位，靠它成为欧洲大陆上最强大的国家。

替代的命运

火器的发展就是这样一个接一个地替代，燧发枪与簧轮枪出现的时代是重叠的。就当时而言，燧发枪更容易被推广。因为一个猎人是不会选择昂贵的簧轮枪来作为他打猎的工具的，首先，他买不起这个贵族手中的玩物；其次，他没有时间也没有能力来维修这个枪。他需要一种更廉价，更便于使用和维护的枪，他需要燧发枪。于是燧发枪出现了，并且流传的时间几乎持续到了20世纪，只是20世纪的燧发枪已经被改得面目全非了，并最终被其他枪械所替代。

在火器不断发展的同时，那些无法抵挡枪弹的厚重铠甲逐渐退出了历史舞台。燧发枪的逐渐完善使它的子弹威力足够穿透任何盔甲。当时的人们只能靠提高盔甲厚度来防御子弹，盔甲变得越来越重。但是，它的重量使它失去了作战的价值。在枪械的发展中，骑士时代逐渐结束了。

兵器知识

> 日本南部14式手枪俗称"王八盒子"
> 托卡列夫7.62毫米手枪是苏制手枪

手枪出世 »»

手枪是一种单手发射的短枪，用以自卫和消灭近距离的目标。由于手枪短小轻便，携带安全，能瞬间开火，一直被世界各国军队和警察等大量使用。随着技术的进步，手枪经过长期的演变过程，已经发展成为种类繁多的现代手枪家族，并且性能和威力都有大幅度提高。因此，手枪的作用和地位将会得到进一步加强。

手枪中的名枪

在枪械的发展史上，手枪是在各个时代中被应用最广泛的枪种之一。从柯尔特发明了第一支有实用价值的左轮手枪开始，手枪便迅速打入了枪械市场，成为一种普遍的单兵战斗武器。从那时起，手枪就进入到飞速发展的黄金时期，并走过了一个曲折而又不断进步的过程。

在众多的手枪家族中，世界各国人心中都有挥之不去引以为傲的手枪：美国人将M1911视为传奇；中国人则将毛瑟 M1896（驳壳枪）作为英雄的象征；德国军人将卢格P08看做荣誉；而在全世界射击游戏爱好者眼中，沙漠之鹰是威力的终极体现。它们在不同的时代，扮演着不一样的、而且非常重要的角色。

名称的由来

至于"手枪"其名称的来源，说法各异，莫衷一是，归纳起来有以下几种说法：第一种说法是，在16世纪的中叶，意大利皮斯托亚城有个名叫维特里的枪械工匠，造了一支枪，以"皮斯托亚"命名，因此欧美都称手枪为"皮斯托亚"。第二种说法是在1419年，胡斯信徒在反对两吉斯蒙德的战争中使用这种短枪，称为"pisk"，意为"哨声"，因为"pistal"的小枪管发出短促的尖叫声，"手枪"因此而得名。第三种说法是手枪首先由骑兵使用，不用时放入枪套内，然后挂在马鞍前桥

⬆ 手枪具有短小轻便的特点

按用途，手枪分为战斗手枪、运动手枪和信号手枪；按构造，可分为自动手枪和转轮手枪，在自动手枪中有半自动和全自动。半自动手枪是自动地供弹、退壳，但每扣一次板机只能发射一发枪弹。全自动手枪也是自动退壳，但扣住板机不放时可连续射击。

兵器解密

(pistallo)上，故手枪以此得名。第四种说法认为手枪口径与古代一种硬币"pistole"直径差不多，故以硬币命名。

击发手枪带来的新飞跃

自从燧发式手枪取代了火绳枪，已具备了现代手枪的特点，击发机构具有击锤、扳机、保险等装置，而且枪膛也由滑膛和直线开线膛发展为螺旋形线膛。燧发手枪的出现是手枪发展史上的一个重要里程碑。但是，燧发手枪仍存在点火时间长、火力跟不上、底火装置防水性能差等缺点。于是在1805年，苏格兰阿伯丁郡的牧师亚历山大·约翰·福塞斯发明了一种击发点火机构。1814年，英籍美国人乔舒亚·肖发明了铜火帽，使得击发点火又向前迈进了一步。击发点火的优点是点火可靠，点火时间短，使用方便，有助于提高射击精度。它的出现，给手枪的发展注入了生机。19世纪20年代，第一支击发手枪产生了。此后，各种击发手枪如雨后春笋，纷纷涌现。

手枪的角色

现代手枪诞生的标志是左轮手枪和自动手枪的发明。"柯尔特"自动手枪曾跟随着美军经历了无数次的大小战役。在第一次世界大战期间，许多美国步兵都装备了手枪，并且将手枪看做是自己的贴身保镖。它被认为是最值得信赖的武器，尽管几乎所有的士兵都有更有效的武器可用，但没有人会

练习手枪发射时一定要专注

否认它所带来的安全感。但手枪由于射程近、精确性差，在实际战争中如果遇到敌人，还是步枪更好用些。

在第二次世界大战时，手枪只配备给军官和班长，而不是步兵的制式武器。那时的手枪几乎成了军官的特权，往往成为军人官职和地位的象征，一位高级军官使用的手枪通常和他的级别和身份有关。"二战"时美国巴顿将军的转轮手枪的枪柄是用象牙制的，上面还镶有珍珠。而在现代，手枪在各国的治安保卫中仍扮演着非常重要的角色。

兵器简史

早期的枪械一般统一称为火枪。最早的火枪只是一个细长的铁筒，后来有人发明了枪托，于是火枪有了长、短枪区别，短枪被认为是今天手枪的远祖。最初的手枪是火门手枪，后来出现了火绳手枪、转轮发火手枪、燧发手枪、击发手枪、转轮手枪、自动手枪等。

> "拓荒者"左轮手枪是柯尔特的产品
> M10型是S&W公司原始型的左轮手枪

左轮手枪 >>>

只要你看过西部牛仔片,你一定就会记住左轮手枪。左轮手枪在电影里不仅仅是一件道具,它已经成了西部硬汉性格的延伸。左轮手枪又叫转轮手枪,是一种带多弹膛转轮的手枪,在非自动手枪中最为有名。它能绕轴旋转,可使每个弹膛依次与枪管相吻合,它之所以叫左轮手枪,是因为射击时,转轮是向左旋转的。

左轮手枪之父

世界上第一支真正的左轮手枪是由一个叫塞缪尔·柯尔特的人制造的。柯尔特是19世纪美国著名的武器发明家和制造商,也是世界上第一位具有经济眼光、把发明与实业结合成一体的武器发明家。他发明了

🔅 塞缪尔·柯尔特

转轮手枪的自动供弹机构,建立了当时世界上规模最大的兵工厂——柯尔特兵工厂。1835年,柯尔特在原有左轮手枪的基础上,发明了世界上第一支有实用价值、并得到广泛应用的左轮手枪,并且在英国取得了专利权。这支左轮手枪采用底火撞击式枪和膛线枪管,并使用锥形弹头的纸壳弹。因此,柯尔特被美国人誉为"左轮手枪之父"。此后,柯尔特等人又对左轮手枪反复进行了改进。柯尔特的发明缩短了换弹的时间,提高了手枪的杀伤力,因此,左轮手枪成为19世纪末期最著名的手枪。

柯尔特左轮手枪

柯尔特左轮手枪最早采用了膛线枪管,它使得左轮手枪成为当时世界上威力最大,射击速度最快的手枪,在残酷的战场上大显身手。膛线英文名称叫莱福,以至于人们常以为是莱福步枪最早使用了膛线,这其实是一个误解。

柯尔特左轮手枪的型号颇多,从1847—1873年,共生产了十几种型号共85万多把,

左轮手枪一般装有 5 到 6 个弹巢。子弹安装在弹巢中，射击时转动转轮，使子弹在弹巢中对正枪管，便可以逐发射击，当转轮内的子弹打完后，转轮可以摆出进行退壳和弹药重装。由于携带在弹巢中的子弹数量有限，火力的持久性不足，一般不用于进攻，多为自卫用途。

左轮手枪拥有独特的魅力

供英、美海军和陆军使用。

尽管左轮手枪在 20 世纪初一枝独秀，独领风骚，但它作为军用手枪也有先天不足之处：容弹量少，枪管与转轮之间有间隙，会漏气和冒烟，初速低，重新装填时间长，威力较小。所以第二次世界大战之后，它在军队中的地位被自动手枪所取代。但是左轮手枪并没有被淘汰，因为许多国家的警察、治安官、平民、游侠甚至刺客仍然喜欢它。

刺客的最爱

左轮手枪似乎总是和刺杀联系在一起的。1881 年 7 月 2 日，美国总统加菲尔德遇刺身亡，凶手吉托使用的是柯尔特左轮手枪。1901 年 9 月 6 日，美国第 25 任总统麦金莱在音乐厅和人们握手道别时遇刺，无独有偶，凶手利昂同样使用的是左轮手枪。为什么刺客都喜欢左轮手枪？因为直到今天，左轮手枪仍然是世界上最可靠的手枪。

对于今天的使用者来说，左轮手枪最大的优点不是它的威力，而是它对瞎火弹的处理。遇到一颗瞎火弹，左轮手枪只要再扣一次扳机，瞎火弹就离开了火线，而另一颗子弹又会上膛对准了枪管。这种原理很简单，却具有万无一失的可靠性。

获得新生

20 世纪 80 年代末，自动手枪的大行其道使左轮手枪渐渐退入角落中。然而 1993 年，美国枪械管理法律的变化给左轮手枪带来了契机。新法律规定武器弹仓的容弹量不能超过 10 发，这使自动手枪对左轮手枪的最大优势被明显削弱。于是许多加大容弹量的左轮手枪出现了，如史密斯·韦森的 M686Plus、陶鲁斯的 M607，都可装 7 发子弹。1996 年在拉斯维加斯的 SHOT 展上，陶鲁斯首次展出了全新的 M608，它是由工厂大批量生产的第一种可装 8 发枪弹的左轮手枪。与其他新推出的陶鲁斯左轮手枪一样，M608 的握把外形经过精心设计，握持起来非常舒适。

时至今日，左轮手枪仍以其独特的魅力赢得了人们的喜爱，而且性能依旧卓越。

兵器简史

早在 16 世纪，欧洲就出现过火绳式转轮手枪，后来又出现了燧发式转轮手枪。这些早期的转轮手枪都需要用手来分步完成子弹击发和转轮转动，导致转轮手枪射速低，而且不安全。直到 19 世纪 30 年代，柯尔特新式转轮手枪的出现，解决了转轮转动的问题，转轮手枪才得到广泛应用。

> 雷明顿公司的德林杰手枪在 1935 停产
> 美国德林杰手枪大多采用不锈钢材质

德林杰手枪 >>>

德林杰手枪原本是 19 世纪初期费城枪匠亨利·德林杰设计的一种小型手枪,它结构简单,携带方便,拔枪容易。由于其口径比较大,近距离内的威力却比较大,所以非常适合在近距离的紧急情况下使用。"德林杰"一度成为多数小型手枪的代名词,并且由于它的样式漂亮,种类繁多,一直受到很多武器收藏家们的青睐。

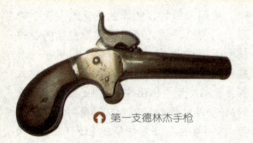

第一支德林杰手枪

德林杰和他的手枪

1825 年,著名枪械设计师亨利·德林杰发明了单管击发手枪。这种前装击发式单管袖珍手枪一直限量生产到 1868 年他的逝世。亨利·德林杰自己拥有一家手枪制造公司,后期由他的女婿管理经营。

随着南北战争的到来,整装金属枪弹开始大量使用,从而使得众多前装击发式的个人武器迅速走下坡路,但是德林杰手枪却奇迹般地摆脱了这次毁灭性灾难。

在其全盛时期,那些常年在外奔波的人们都希望能够拥有一支威力大且操作简单的德林杰手枪。

为了适应不同需求,德林杰手枪的种类很多,口径大小不等,枪管长度也有所增长,并且其使用和维护都十分方便,它的点火件在市场上就可以买到,因此德林杰的袖珍手枪当时在美国很出名。

雷明顿的德林杰手枪

1865 年 12 月 12 日,雷明顿公司获得了生产德林杰手枪的专利,研制出著名的 10.4 毫米口径的雷明顿双管德林杰手枪。

这种手枪的外观和早期的德林杰手枪有些相似,但其独特之处是,采用了双管整体式上下配置的后装枪管结构和边缘发火枪弹,这在当时来说是手枪发展历程中的一大进步。

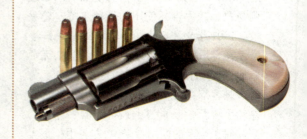

位于美国康涅狄格州哈姆登的高标准制造公司在 1962 年开始生产德林杰手枪，其中最著名的就是高标准 D-100 型双管德林杰手枪。该枪的两根枪管采用整体式上下配置结构，发射 5.6 毫米边缘发火步枪长弹，采用无击锤式发射机构，退壳、装填时需要向下折转枪管。

兵器解密

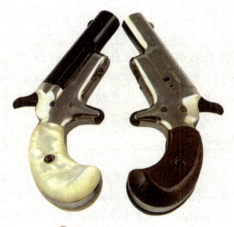
🎧 柯尔特的德林杰手枪

从 1866 年开始销售第一支以来，雷明顿公司实际生产销售的德林杰手枪已经超过了 15 万支。

柯尔特的德林杰手枪

除了雷明顿的德林杰手枪比较著名外，位于美国康涅狄格州哈特弗德的柯尔特专利武器制造公司制造的德林杰手枪也曾经显赫一时。

柯尔特公司于 1870 年推出一款德林杰手枪，由柯尔特公司雇员 F·亚历山大·瑟尔设计。

这种枪的特点是采用枪管左右摆动的方式退壳和装填，并可自动退壳。该枪质量只有 184 克，有枪身镀银、枪管发蓝的，也有枪身、枪管都镀银的；握把可由胡桃木、青龙木、象牙等制成。

柯尔特公司制造的德林杰手枪一直延续生产到了 1912 年。在此期间，枪管上的标志以及击锤、枪身的形状仅有少许变化，但枪身用青铜材料制成，其他零件用铁制成，则一直没有改变。

美国德林杰手枪

现在仍有一些公司生产德林杰或其他名称的漂亮小手枪。最出名的当数美国德林杰手枪。

美国德林杰公司是 1980 年由罗伯特·A·桑德斯一手创办的。创业初期，桑德斯市场并不很景气，后来受雷明顿双管德林杰手枪的启发，例如美国德林杰手枪的单动、双管上下配置的设计灵感就来源于 0.355 厘米口径的雷明顿双管德林杰手枪，在此基础上，桑德斯不断改进，生产了六十多种口径的不锈钢的德林杰手枪。

桑德斯建立了他的枪械制造产业并且成功地进行了商业运作，到了 1986 年，美国德林杰公司的销售额增长率进入美国公司前 500 名之列。

兵器简史

1986 年，美国德林杰公司创办人的妻子伊丽莎白·桑德斯留意到女士有佩带武器的需求，于是建议生产女士德林杰手枪。于是，拥有女士德林杰手枪成为了一种时尚。在当时的欧美影视片中，经常会出现一个优雅的女士从小坤包中掏出一把小巧玲珑的女士德林杰手枪的镜头。

自动手枪 >>>

通 常所说的自动手枪,是指利用火药燃气能量实现自动装填枪弹的手枪,实际上仅指能自动装填弹药的单发手枪(即射手扣动一次扳机,只能发射一发枪弹)。所以,严格地说应叫做自动装填手枪或半自动手枪。目前各国军队装备的手枪大多是这类枪,而真正的自动手枪是既能自动装填,又能连发射击的手枪。

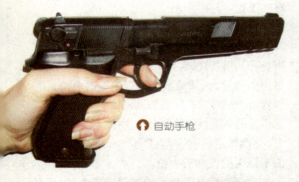

↑ 自动手枪

自动手枪代替左轮手枪

转轮手枪在 19 世纪后半期和 20 世纪中叶以前,在各国军队中大量装备,曾经在战场上发挥了一定的作用。但是在二战以后,随着自动手枪质量的提高,转轮手枪与之相比,已经不再具有优势。

就像美军在 19 世纪霍恩河战役中有一支 600 人的骑兵部队曾遭遇 1000 名印第安人的伏击,美军以为凭借着先进左轮手枪一定会打败使用冷兵器的印第安人。

但是令他们没想到的是,近距离遭遇印第安人后,当美军骑兵完成第一次射击之后还来不及装填弹药,就被印第安人的冷兵器夺去了性命,结果美国骑兵大败。所以左轮手枪的用武之地也越来越少,各国军队最后就不再使用了。

自动手枪第一人

无论是单发装填还是转轮枪,总是要手动不停装弹,击发,再装弹。这样不仅浪费时间,而且大大降低了开枪的频率和作战效率。你在换子弹的时候,敌人的骑兵速度够快的话已经冲到面前了,手起刀落,你就再也没有机会开枪了,为了避免不让这些枪成为摆设,自动手枪悄然诞生了。

奥地利人约瑟夫·劳曼有幸成为新手枪发明第一人。他于 1892 年发明了世界上第一支自动手枪,在法国和英国获得了发明专利。

这是历史上第一支成功的自动手枪。该枪在奥地利军方举行的手枪选型试验中因表现平平而未被军方采用。但它的问世,为新手枪的出现带来了一丝曙光。

C93博查特手枪的开锁、抛壳、待击、装弹、闭锁等动作均由枪机的后坐和复进来完成，并采用弹匣供弹。虽然它外形笨拙，没有被军方广泛使用，但是体现在这把枪上的大胆想象和天才般的改进，也为自动手枪的诞生拉开了序幕，其结构设计为现代手枪的发展奠定了基础。

兵器解密

博查特和自动手枪

果然没多久，在1893年，美籍德国人雨果·博查特发明了一种新型的自动手枪。博查特是一个著名的工程师、发明家，曾先后被多家枪械生产企业聘用。

1880年秋，雨果·博查特离开夏普斯公司去了欧洲，继续他的轻武器设计职业生涯。1882年，他在匈牙利首都布达佩斯居住，并在匈牙利轻武器器械有限公司工作，这一时期，他曾和设计自动装填火器的一些公司有过接触，为他后来设计生产博查特C93手枪奠定了基础。

1893年，就职于德国洛韦公司的博查特发明了7.65毫米的C93式博查特手枪，从而开创了手枪发展的新纪元。

毛瑟军用自动手枪

在1895年，世界上第一支真正的军用自动手枪诞生了，这就是7.65毫米毛瑟自动手枪。它是由在德国毛瑟兵工厂供职的费德勒三兄弟发明的，而非毛瑟本人。设计工作始于1893年，1895年3月15日完成样枪设计，被命名为C96式毛瑟手枪。

然而，由于毛瑟公司向多个国家出口毛

瑟C96式手枪，为满足各进口国家军队的不同要求，因此毛瑟C96式手枪的外形花样繁多，枪身上的铭文和图案更是不胜枚举。

如今，毛瑟C96式手枪已经成为毛瑟手枪的代名词。这样也就形成了当今德国毛瑟C96式手枪博物馆以及世界各国的毛瑟C96式手枪收藏家们手中拥有上百种毛瑟C96式手枪派生、变形枪的局面。

❤ 瞄准、射击动作要一气呵成

兵器
知识

> 毛瑟手枪还被称为快慢机、匣子枪等
朱德在南昌起义时使用了毛瑟手枪

毛瑟手枪 》》》

它的名称众多,有人叫它驳壳枪,有人叫它盒子炮,而它不过就是一支毛瑟手枪。在西方军队,没人看好这种怪异的手枪,但是当它在20世纪20年代到30年代远渡重洋来到中国的时候,却畅销亚洲多个国家,受到中国军界和各种势力的特别喜爱,中国人对它有着很深的情结,它对我们的革命战争所起到的作用,似乎已远远超出了其本身。

费德勒兄弟的发明

说到毛瑟手枪,有必要介绍一下毛瑟兄弟。他们全名为彼得·保罗·毛瑟和威廉·毛瑟,是德国著名枪械设计师、世界著名的毛瑟兵工厂的创始人。

彼得·保罗·毛瑟在步枪研制上成就突出,他也设计过几种手枪。

● 毛瑟 M1932 经常出现在我国革命题材的电影中

在毛瑟兄弟的兵工厂里,职员费德勒兄弟三人,瞒着毛瑟兄弟开始悄悄地研制击发式自动手枪。

起初,毛瑟兄弟并不支持他们,直到1894年费德勒兄弟制造出7.63毫米的样枪时,毛瑟兄弟才转变了态度。他们认为此枪性能良好,会有市场,领导设计组进行改进和试验,获得满意效果,随即投入批量生产,这种枪就是众所周知的"毛瑟手枪"。

低谷中的春天

尽管这种枪是费德勒三兄弟利用工作闲暇设计出来的。但是该枪最后申请专利者是毛瑟兵工厂的老板,所以驳壳枪也叫毛瑟手枪。

1896年,毛瑟兵工厂希望能为德国军队生产驳壳枪。但是一直到1939年毛瑟厂停产驳壳枪为止,全世界没有一个国家采用驳壳枪作为军队的制式武器。在这几十年里毛瑟厂估计大约生产了100万把各式各样的驳壳枪,而其他的国家仿造生产的数量则几倍于此。

各国军队不采用驳壳枪并不是因为该枪的质量不好,而是因为它价格太高,而且该枪装备欧洲军队当手枪则尺寸太大,而作为步枪威力又太小了,实在是不上不下,左右为难。

但西方并不看好的毛瑟手枪到了中国,

C96式毛瑟手枪申请专利后，不久便被德军方采用，投入大批量生产，命名为M1896式毛瑟手枪。这是世界上第一种真正的军用自动手枪，对手枪的发展产生了重要影响。该枪采用枪管短后坐自动方式，首创空匣挂机装置，使手枪的结构更加的完善。

兵器解密

却成了一种使用最普遍的手枪。因为那时各国列强对中国实行重型武器禁运，而手枪除外，于是毛瑟手枪就在中国落地生根。

中国人的毛瑟情结

中国人对毛瑟手枪的态度可以用美国人对柯尔特左轮手枪所表达的爱慕之情做比拟。谁要背挂一支木盒托的毛瑟"盒子炮"，必定非常惹人注目，甚至招来嫉妒，因为毛瑟"盒子炮"是一种信得过的随身武器，在战斗中使用非常成功。

中国人不但喜爱毛瑟手枪，还发明了一种效果很好的毛瑟手枪射击术，射击时把枪身转90°，使连发的弹头在水平面上形成散射，这要比枪口上挑有利很多。无怪乎有人惊呼："毛瑟手枪只有在中国才得到如此广泛的应用，也只有在中国，这种轻武器才取得真正丰富的实战经验。"

毛瑟手枪中的精品

毛瑟手枪有许多型号，而其中的毛瑟

M1932则是强中的精品。它是德国 M1896 7.63 毫米自动手枪（即固定弹仓的10响驳壳枪）的改进型，可称得上是一件极为精美的艺术杰作。其制造工艺极为精密，不仅采用优质的原材料，而且集中了毛瑟公司近40年制造驳壳枪的经验、智慧和技术手段，并经过严格检验之后才出厂。即使与当今现代手枪相比，它的品质都是无可挑剔的。由于其操作灵活，性能优良，杀伤力很大。《铁道游击队》里形容说："掏出盒子炮来就是一梭子。"

20世纪四五十年代以后，毛瑟手枪逐渐在军队中消失了，这倒并不是由于它性能不佳，而是因为整个手枪家族在战争中的作用越来越小。但在中国，隐身在博物馆里的毛瑟手枪却永远被人们忆起，因为它不仅仅是一把枪，还代表着一种文化情结。

兵器简史

自从毛瑟兵工厂申请了C96式毛瑟手枪的专利后，随后，毛瑟兵工厂以C96式为基础，不断进行技术改进，研制生产了1897年式、1898年式、1899年式、1912年式、1916年式、1930年式、1932年式等多种型号的自动手枪，当时德国、意大利、俄国、土耳其等很多国家的军队都装备了毛瑟手枪。

> IMI公司曾研制出肩射型"沙漠之鹰"
> 沙漠之鹰的膛线多被改成多边形

以色列"沙漠之鹰"手枪 >>>

说起以色列"沙漠之鹰"手枪,热衷网络游戏的人一定会对它赞赏不已。在游戏中,这种枪总是和大威力、高精度联系在一起,有着接近步枪的超强威力,可以穿透墙壁或几扇门,非常适用于短兵相接的战斗,是狙击手的最佳伴侣。但也许你不知道的是,现实中的"沙漠之鹰"手枪比游戏中呈现的更为丰富,更加强悍。

强强联手的杰作

1979年,以色列马格南研究公司的三个人决定研制出一种靶枪和狩猎手枪,当时他们的研制计划称为"马格南之鹰"。第一把原型枪在1981年完成,并在1982年公布,当时引起了很大的反响,这种半自动手枪巨大的威力和漂亮的外形引起很多射手的极大兴趣。然后,马格南研究公司需要寻找一家大公司来生产这种手枪,不久就找上了IMI公司。

IMI(以色列军事工业公司)是以色列国防军和国防体系军火的主要制造和供应商,开发了许多世界上最先进的武器装备、弹药、战术系统、引擎以及其他的火力武器。公司于1933年成立,拥有领先的尖端技术和产品。其产品范围很广,从人造卫星助推器、无人驾驶飞机到外挂燃料箱和空地导弹。

对于马格南研究公司研制的这种手枪,IMI在1983年开始以"沙漠之鹰"的形式生产和销售,1985年"沙漠之鹰"正式出现在美国手枪市场的售货架上。

突出的特点

"沙漠之鹰"发源于一个创意:当时在大口径手枪研究公司马格南,有3个家伙突然想制造一把半自动、气动的大口径手枪。当时许多枪械爱好者都认为马格南疯了,马格南却一意孤行支持这项计划。于是,一把在超过100部电影中出现、受到成千上万人

经过数以千计的射击试验之后，第一把具有完全功能的9毫米口径的沙漠之鹰终于面世，并成为许多收藏家和枪械爱好者疯狂追逐的对象。在1986年，马格南研究公司特别生产了1000把珍藏版的9毫米口径的沙漠之鹰：包括100把金版、400把银版、500把铜版。

兵器解密

🔺 阿诺德·施瓦辛格在电影《最后的动作英雄》中，使用的就是"沙漠之鹰"手枪。

疯狂痴迷的传奇之枪诞生了。

"沙漠之鹰"与其他自动手枪相比的一个最大特点就是采用导气式开锁原理和枪机回转式闭锁，这是因为它发射的马格南左轮手枪弹的威力太大，一般大威力自动手枪所用的刚性闭锁原理根本无法承受。沙漠之鹰的多边形枪管是精锻而成，标准枪为15.24厘米，另外也有25.4厘米的长枪管供选用，可直接更换的枪管有4种。在枪管的顶部设有瞄准镜安装导轨，因此可以方便地加上各类瞄准镜。其弹匣是单排式的，不同口径型号的弹容量不同。它发射的子弹射入人体后能将巨大的动能传递给肌肉和其他器官，造成严重的伤害。

手枪中的"袖珍炮"

"沙漠之鹰"尽管威力巨大，但它有一个广为人知的缺点，那就是它开枪时会产生巨大的后坐力，甚至有一个极端的例子：有一个初次使用"沙漠之鹰"的人因为没有注意握枪动作而使右手腕骨折。有人开玩笑说只有体重达到80千克的人才能正常驾驭

它。虽然这个例子有点极端，但"沙漠之鹰"的后坐力的确不能让人小瞧。

"沙漠之鹰"手枪原作为运动手枪使用，由于威力强大，很快转到了军警人员手中，获得"袖珍炮"的雅号。其威力更让人称道。据说加长枪管后用于狩猎的"沙漠之鹰"，射程达200米，可以轻易地把一头麋鹿放倒。现在，一些国家的特种部队队员往往喜欢在腰间别一把"沙漠之鹰"，除了更神气外，还能给他们带来更多的安全感。

荧屏上的宠儿

"沙漠之鹰"剽悍的外形，不是谁都能控制它的发射力量，这是任何小巧玲珑的战斗手枪所不能替代的。当剧本中提到"有强大威慑力的手枪"时，导演几乎都是选择"沙漠之鹰"作为道具。1984年，在由米基·洛克主演的一部动作片中，"沙漠之鹰"第一次在电影中登场，从此以后，沙漠之鹰在近500部电影、电视中亮相，这里的统计还不包括美国以外的影视作品。

兵器简史

1982年公布的"沙漠之鹰"的口径是9毫米。为了追求比它还大的威力，因此马格南研究公司推出了口径10毫米的"沙漠之鹰"，不久又推出了口径11毫米的半自动"沙漠之鹰"，在1989年对"沙漠之鹰"进行了标准化定型，在1994年推出了口径12.7毫米的改进型枪，此后，仍多加改进。

兵器知识 > SPP-1水下手枪的枪管内没有膛线
我国的水下枪比SPP少1支枪管

水下手枪 >>>

世界各国军队尤其是海军部门,都非常重视蛙人部队建设。为了有效对抗水下的有生目标,只有为他们配备水下对抗用的特种武器和弹药,这样才能使其既能秘密渗透到敌方海军港口、码头和舰艇锚地,进行水下破坏行动,刺探重要军事情报,同时还能对己方相应设施进行防护,进行水下反破坏行动,水下手枪就是其中的武器之一。

蛙人手中的利器

20世纪50年代末,苏联海军开始组建蛙人部队;60年代初,第一支对抗敌方水下破坏行动的蛙人战斗队在黑海舰队正式成立,之后,波罗的海舰队、北方舰队、太平洋舰队先后组建了自己的蛙人部队。蛙人的主要任务是在防范敌方蛙人部队水下破坏活动的基础上,从事水下破坏和侦察行动。

许多国家都曾研制用于消灭敌方蛙人的水下特殊武器,设计了各种方案,如可发射主动喷气式或喷气式子弹的水下手枪、带尾翼的水下弩箭、可发射各种特殊子弹的水下气动力学武器等,但由于无法较好地解决子弹在水中运动时的稳定性能问题,武器效力都比较低下;而苏联研制的水下武器系统和弹药则很好地解决了水下射击效率的问题。他们于20世纪70年代初装备了4.5毫米水下专用4管无声手枪和5.66毫米水下专用无声自动步枪,一直沿用至今日的俄罗斯海军蛙人部队。

著名的空穴现象原理

至于苏联科研人员是如何克服研制水下枪的困难,我们就要提到负责水下射击武器研制工作的精密机械中央研究所的研究人员克拉夫琴科。他提出了著名的空穴现象原理,根据该原理研制而成的水下射击武器,可发射出一种长椭圆形子弹,具有较理想的水中运动稳定性能。其主要原理是长椭圆形弹体在水中以较高速度飞行时,弹头附近的水介质会得到压缩,并在弹头后面,在飞行中的弹体表面附

🔆 水下枪的发射

SPP-1水下手枪由苏联精密机械中央研究所研制,发射4.5毫米钢制箭形弹,有4支枪管,呈正方形排列,每管装有一发箭形弹,每扣动一次扳机发射一发弹。4发弹射击完毕后,可由射手自行装弹。SPP-1在水下的射程与水深有关,水下越深,射程越小。

静音性很好的P-11水下手枪

近形成一个直径较小、没有水的、虚的空间(空穴)。由于仅弹头部分受到水的阻力,其余部分与水不接触,总的阻力也比较小,弹体尾部就会不时触到空穴内面,然后偏离内腔压缩水层,此时,弹体就会像在一个管道中一样,沿空穴的轴心飞行,飞行过程中弹体并不旋转,而是在空穴直径范围内,通过尾部的摆动来保障飞行时的稳定性能。

在上述理论的指导下,苏军研制出了世界上独一无二的、新型水下射击武器系统:水下手枪和水下自动步枪。

P-11水下手枪

在世界各国研制的为数不多的水下手枪中,P-11水下手枪尽管不为人知,却被许多国家的蛙人部队、情报局等特殊部门所青睐。因为需要保密,就连该枪的生产者、德国著名枪械制造商赫克勒—科奇公司都曾公开否认过这种枪的存在。P-11水下手枪全长200毫米,高185毫米,带弹总重量1.2

千克。枪身由枪管和手柄组成。它的枪管很有特点,横剖面呈梅花形,里面是5根小枪管,分别装有一发7.62毫米口径的子弹。这些子弹长100毫米,像小飞镖一样,从枪管发射后会打开翼片来保持平衡。弹芯使用的是贫铀材料,因此穿透力很强,适合在水下使用。P-11的静音性也很好,在水下很难被察觉。

研制中遭遇到的困难

水下枪械主要是在水下使用(也可在陆上使用),因而对水下枪械的要求更为苛刻:一是水下枪械需具有较强的耐海水浸泡、耐盐雾(含有盐分的雾气)侵蚀能力;其所使用的弹药经过长时间的海、江、河、湖水浸泡后,也可满足作战要求。同时,由于水下手枪的设计难度要比普通枪械大得多,会遇到一系列困难,如密封问题、水的阻力问题等。也正是如此,目前世界上只有俄罗斯、德国、英国等少数国家研制成功水下枪,水下枪的种类也很少。

兵器简史

水下枪械是20世纪60年代后逐渐发展起来的一种新型的轻武器系统。前苏联专家是最早开始研制水下射击武器的国家,并于70年代初将水下手枪和水下步枪装备部队。使用水下手枪射击时,一般可杀伤17米内水下、50米内陆上有生目标;使用水下突击步枪射击时,可杀伤30米内水下、100米内陆上有生目标。

兵器知识

> 手杖枪是19世纪末比较流行的间谍枪
手机手枪的首次发现是在荷兰

间谍手枪 >>>

古往今来，谍影重重，而一个出色的间谍，要完成刺杀任务就必须配备同样出色的秘密武器。在间谍的身上，无论是香烟、雨伞、钥匙、首饰、口红还是钢笔，都有可能成为一支杀人于无形的枪。由于这些间谍手枪制作精致，巧妙伪装，便于携带，用这些特殊的秘密武器，甚至可以在大庭广众之下杀死目标，并从容地隐藏于人群而逃走。

间谍的秘密武器

在007电影中，邦德使用的各种间谍武器让人眼花缭乱，然而这些间谍武器并非是虚构出来的，曾经有一对退休英国间谍夫妇将他们收藏的众多间谍武器寄给了英国一家军事博物馆，从而让世人首次得以目睹这些真实版007"间谍武器"的真面目。

现年80多岁的彼得·马森和妻子普鲁曾是英国军情五处的资深间谍，目前隐居在加拿大某地。在他们捐赠的间谍武器中有钢笔状手枪、能发子弹的烟斗等。其中有一支别号"死亡之吻"的口红。这支口红外表也平平无奇，如果放在女士的手提包或者化妆盒中，没人会想到它竟然也能杀人。当你移掉口红的外壳时，里面就会露出一枚6毫米口径的子弹。这支口红枪曾经让很多纳粹分子命丧黄泉。

钢笔枪的历史

无论是电影《007》系列片中所使用的所有间谍武器，还是英国间谍夫妇所捐赠的物

🎧 钢笔手枪使得间谍在执行刺杀任务时，也会透露出一份绅士般的优雅，同时更好地隐藏了自身目标。

品，我们不难看出都与英国伪装武器的研制有密切关系。当然，也并非所有的伪装间谍武器都是英国人研制的，俄罗斯在伪装间谍武器的研制方面也有着悠久的历史。

俄罗斯的钢笔枪历史非常久远，很早以前就有俄罗斯人试图将手枪和钢笔组合成一个隐蔽的杀人利器。19世纪的中期，前装式的钢笔枪问世了，但是由于整体体积太大，既不适合书写，也不适合射击，因此未能得到推广。随着现代枪械技术和子弹工艺的进步，钢笔枪做得越来越小巧，越来越精致。由于铅笔、钢笔都是可以随身携带

有一种香烟手枪枪管长76毫米，口径4.5毫米，枪尾由两个开尾销固定，内装箭状钢子弹、火帽，其后是弹簧加压撞针，均卷成烟纸形状，后面用过滤嘴伪装，前面用一层燃烧的烟草伪装。射击时，只需折下过滤嘴，拔出导线保险销，用手指按下发射的按钮即可。

兵器解密

的，它们就成了间谍手枪的最好伪装。这样，钢笔枪就成了间谍、特务用于暗杀和自卫的专用武器。在20世纪前60年间，钢笔枪曾盛行半个多世纪。后来，钢笔枪被其他间谍手枪所替代，成了博物馆的展品。

伞中玄机

就像俗话所说的那样：只有想不到的，没有做不到的！除了口红枪、烟斗枪、钢笔枪之外，无所不用的特工武器，让杀人的枪械变得防不胜防。原保加利亚著名作家格奥尔基·马尔科夫就不曾想到，他竟然会死在一把会发射子弹的雨伞下。

由于和保加利亚政府持有不同意见，格奥尔基·马尔科夫被迫流亡于英国。1978年9月7日，马尔科夫在伦敦市前往公交车站时，突然被一个壮汉的雨伞刺到了，当晚他就发起了高烧，并在被雨伞刺中4天之后去世了。为此，伦敦警察局及英国情报机构做了调查。

🎯 毒伞枪的外形就像一把普通雨伞，但它能从伞尖管内发射直径为2毫米的毒弹。这是间谍用于暗杀的专用枪。

调查显示，那个壮汉是犯罪嫌疑人，其所使用的就是一种发射毒弹的"伞枪"。这把毒伞枪内部装有扳机、操纵索、释放扣、活塞式击锤、气瓶、枪管等发射装置。从这种枪中射出来的是一种剧毒的弹珠，弹珠是用铂铱合金制成的，其直径只有两毫米左右，弹珠上有两个凹槽，用来盛装剧毒品蓖麻油，而弹珠外面用蜡密封。射击时，依靠击锤撞击气瓶而放出高压气体，借助于高压的气体力量将弹珠推出。

难以辨别的间谍手枪

如今，随着科技的迅猛发展，间谍工具不仅越来越先进，也越来越时尚。有一些物品，如女士提包、相机、望远镜、手机、戒指、螺丝刀、腰带扣、坠链、手电筒等各种物件都有可能射出致命的子弹。这些间谍手枪除了具有使用隐秘、近距攻击、一枪致命等威胁外，还有一个特点是操作简单，使用方便，连小学都未上过的恐怖分子都能迅速熟练掌握。这也给当今的社会带来日益增强的潜在威胁。

> M1911 式是 M1905 式手枪的改型枪
> M1911A1 式手枪的线膛内径有所减小

M1911 系列手枪 >>>

在 手枪发展史上，有一支在美军中服役七十多年、至今仍被一些国家的军队装备的"老寿星"，即美国 11.43 毫米口径的柯尔特 M1911 及其改进型自动手枪。它从第一次世界大战开始陪伴美军征战四方，直到第二次世界大战结束乃至现在。七十多年的军旅生涯，它见证了无数新兵历练成为老兵的过程，见证了一个个传奇的历史场面。

因需要而产生

1899——1902 年期间，美国军队正在菲律宾与当地土著部落发生武装冲突，战斗中的美军士兵对配备给他们的 9.65 毫米口径柯尔特转轮手枪很不满意。因为这种枪不仅停止作用长，而且装弹速度太慢。对方中枪之后，依然可以带伤冲过来，而美军士兵在对方冲过来之前还来不及重新装好子弹。

⚙ M1911 手枪的分解图片

不想死的话，就要在对方冲过来之前逃跑，这样的战斗让美军非常被动。为此，美国陆军决定研制一种大口径转轮手枪及半自动手枪作为新一代的制式手枪。

各大军火商接到招标单后，摩拳擦掌，都想一举中标。

残酷的试验

1911 年 3 月 3 日，美国军方和枪械厂家的专家汇聚一堂，开始了一项极其严酷的试验。试验中每支枪都要射击 6000 发子弹，连续射击 100 发子弹的时候会允许休息 5 分钟以冷却高温中的手枪。当射击次数达到 1000 发之后，开始给手枪进行了简单的维护和上油。在打完所有的 6000 发子弹后，这些手枪会再用一些装备不良的劣等枪弹进行测试。

经过射击测试后，所有参与测试的枪支又被浸在有酸液或者沙子和污泥混合的水中，

M1911 手枪从样枪到正式生产进行了如下改进：减小了线膛部分的内径，增加了阳线的高度；在扳机后方增加了拇指槽；握把背部拱起，表面增加了刻纹；增加了准星的宽度，降低了枪尾部的凸出部分；但从未对其自动机构进行任何变化，可见当初的设计几近完美。

兵器解密

M1911A1 在战争中发挥很大的作用

当枪支表面开始生锈的时候，下一个阶段的测试才开始。这些生锈的枪支被取出后，经过简单的处理，就开始了更多的射击试验。这是自从军用枪械测试以来最严格的一次，也是最残酷的一次。

在一系列测试后，1911 年 3 月 29 日，由勃朗宁设计、柯尔特公司生产的自动手枪被选为美军制式武器，并正式命名为"柯尔特 M1911 自动手枪"。

战争中的洗礼

从 1912 年 4 月起，柯尔特 M1911 自动手枪开始装备部队，成为美军装备的第一支半自动手枪。当美国士兵开赴第一次世界大战的战场时，美国政府已经向柯尔特公司和斯普林菲尔德兵工厂购买了 14 万支 M1911 手枪。它的高弹容量和快速更换弹夹的优点使得这款手枪最终铸就了一个手枪中的

传奇。

一战结束后，美国政府同意对 M1911 式手枪的设计进行多处改动，1926 年 5 月 20 日，改进的手枪型被正式命名为 M1911A1。从此，M1911 系列手枪跟随着美军经历了无数次的大小战役，几乎见证了美国在世界上的每一个战争历程。从比利时泥泞的无人区到越南浓密的热带丛林，它都经受住了各种考验。

军用手枪之王

第二次世界大战结束后，美国陆军曾对世界上几种著名的手枪进行过一次评选，参加角逐的有德国的"沃尔特"、日本的"14式"、美国的"柯尔特 45 式"和 M1911A1 等。专家们从手枪的构造、命中率、杀伤力、射速等方面比较，M1911A1 手枪以满分独占鳌头，被誉为"军用手枪之王"。

M1911 系列自动手枪于 1985 年完成了作为美军制式手枪的历史使命，但它依然在一些国家的军队或执法机构中很受宠。

兵器简史

M1911 手枪从 1911 年被美军采用为制式武器，经历第一次世界大战的洗礼。一战结束后，在 1926 年将改进型的手枪正式命名为 M1911A1，到 1985 年开始退役，服役长达 74 年。它是被大量制造、广泛使用、并为世界各国普遍仿造的名品。该枪最后被伯莱塔 92F 式 9 毫米手枪取而代之，但其改进型"伯罗"式手枪又后来居上。

> 格洛克-17发射9毫米巴拉贝鲁姆弹
> 格洛克-18有大容量的33发弹夹

格洛克手枪 »»»

奥地利公司在20世纪80年代应军方要求研制成功了一种独特的9毫米手枪。这种手枪采用合成材料的套筒座,结构简单,重量轻,名为格洛克17型手枪。如今,格洛克手枪已成为现代手枪中的名枪之一,其系列品种繁多,家族庞大。由于使用起来非常方便,世界上五十多个国家的军队和警察中都有配备它们。

格洛克的经典之作

1963年,身为工程师的加斯顿·格洛克,在奥地利首都维也纳附近的多茨威格姆成立了格洛克公司,开始向奥地利军队提供机枪弹带、训练型手榴弹、塑料弹夹、野战刀和挖壕工具。到了20世纪80年代,奥地利陆军面临制式手枪的更新换代,他们向许多著名轻武器生产商发出了标书,格洛克公司也被邀请参加。

在加斯顿·格洛克的努力下,新枪研制计划进展十分顺利,仅仅制造了四只样枪就开始进行试生产。1983年,格洛克G-17手枪问世,样枪交付奥地利陆军进行评估,在通过了详尽、彻底的可靠性测试后,G-17击败了著名的斯泰尔GB手枪成为奥地利陆军制式装备,并大量装备执法部门。

格洛克G-17手枪的优势

格洛克G-17手枪是世界上采用塑料部件最多的手枪,其优势在于:聚合塑料适应温度范围为40℃-60℃,在测试时曾处于

🎧 外形典雅庄重的格洛克17

200℃的环境中也无收缩等不良影响;与不锈钢相比,聚合塑胶材料的应力强度较不锈钢强17%;具有比不锈钢材料更强的耐腐蚀性;整体更坚固可靠,即使是被10吨重的卡车辗过,都还可以正常射击。这不仅使手枪的造价低廉、手感好,而且重量也减轻了很多。

另外,格洛克G-17手枪拥有万无一失的保险机构,该枪的套座和套筒上没有常规的手动保险机柄,射击前不必要去专门打开保险,利于快速出击。其火力持续力好,配备有17发大容量弹匣,并且每支枪都配有

格洛克手枪扳机保险装置的优点很多。首先是它的使用简便性:扣压扳机就能击发,手指离开扳机就能自动处于保险状态。第二是每次击发的扳机力都是一样的。第三,假如手枪掉在地上,扳机保险装置能自动地处于保险状态,以避免走火事故的发生。

兵器解密

◀ 兵器简史 ▶

　　1983年,格洛克G-17手枪问世,不久便成为奥地利陆军制式装备。紧接着,G-18应运而生。G-19在1988年推出,其拥有堪与全尺寸手枪相媲美的火力。1988年,格洛克公司在奥地利的第二家手枪制造厂建成投产。与此同时,10毫米口径的G-20和11毫米口径的G-21被同时推出。1990年又推出了G-22和G-23。此后,多种口径的手枪相继问世。

一个快速装弹器。此枪的人机工效也非常好,其弹匣卡笋、挂机解脱柄都设置在左侧,位置合理,便于单手操作。

在美国赢得好评

　　1985年,为了打开美国市场,格洛克公司在佐治亚州伊兹密尔成立了格洛克美国有限公司,这是格洛克发展史上的里程碑。当格洛克刚刚开始进入美国时,在某个枪展上做了一个公开测试:厂家将20部分解开来的格洛克17型手枪陈列出来,由一位观众任意挑选零件重新组合成一把枪,然后用这把重新组合的枪射击了20000发,没有出现任何问题。由于其高度的可靠性和实用性,而且造价低廉,因此被称为"神奇9"的G-17手枪立即得到美国用户的认可,并以压倒性的优势成了纽约警察、美国特种部队和联邦调查局的标准用枪。

格洛克18型手枪

　　从G-17开始,格洛克一共发展了37种型号的手枪,并开发了一个庞大的手枪附件系列。格洛克18型手枪是格洛克17型手枪的改进型,两者的外形和大小很相似,但格洛克18型全自动手枪非常注重安全性,为防止意外走火,还采用专利的"安全行程"保险机构。18型全自动手枪除了完全继承17型手枪的诸多优点外,还具有自动射击的功能。

　　同时,格洛克18型由于威力较大而限制销售,只提供给特种部队、反恐特警组(SWAT)或其他军事单位人员。

➡ 格洛克18是由奥地利格洛克公司设计及生产的全自动手枪,是格洛克17的全自动版本,选择钮向下为全自动模式,向上为单发模式,发射9毫米鲁格弹。

兵器知识

> 伯莱塔"精英"系列采用不锈钢枪管
韦尔特克手枪取消了握把底部的绳环

伯莱塔手枪 >>>

伯莱塔是意大利最古老的手枪生产企业之一。早在 1526 年,伯莱塔企业就收到了来自威尼斯兵工厂的 296 个达科特币,作为 185 套火绳枪枪管的订金。如今,伯莱塔公司已经成为一个多品种、多规格的老牌枪械厂商,其产品包括手枪、冲锋枪、步枪、散弹枪等多种轻武器。但是,人们提起伯莱塔,更多的还是会想起伯莱塔的手枪。

伯莱塔家族

在 19 世纪初,欧洲各国的兵器订购会或者展示会中,都会有一个干练的意大利枪械商人一边向人们展示枪械精湛的做工,一边讲解这些枪械不同的优点。这个出色的商人叫皮埃特罗·安东尼奥·伯莱塔,而他的公司就是历史悠久的意大利伯莱塔公司。

当然,19 世纪时期的伯莱塔公司还没有真正出名,直到伯莱塔家族的接班人——皮埃特罗·伯莱塔接手这个枪械厂之后,从此,伯莱塔枪械公司正式登上了当代的兵器舞台。他们制造的枪械不仅面向意大利和欧洲,甚至开始向美洲等其他地区进行销售。此后,伯莱塔家族把他们的生意一代传一代,直至今天,成为枪械界的顶级企业之一。

伯莱塔 92F

在伯莱塔研制的枪械中,伯莱塔 92F 是枪迷心中的经典。这款设计于 20 世纪 70

年代的手枪,最初的设计目标是要一种新型军用手枪,要求可靠性高、安全性好、弹容量大。经过 3 位设计师长达 5 年的设计之后,92 型半自动手枪于 1975 年正式公之于世。虽然伯莱塔 92 型是以伯莱塔 M1951 手枪为基础研制的,采用了伯莱塔公司手枪的开顶式套筒设计,但其最重要特点是套筒座采用航空铝材制成,这是伯莱塔公司历时 30 年之久的冶金开发试验的成果。

有意思的是,首批伯莱塔 92 型产量不足 5000 支,它没有成为意大利的制式武器,

⬆ 伯莱塔手枪中的经典之作

伯莱塔韦尔特克型在握把侧片的不同的部位分别采用了两种不同形式的防滑纹，在需要用力紧握的部位采用摩擦力大的网格状防滑纹，在需要手指活动的部位，采用摩擦力较小的颗粒状防滑纹。还在标准的92/96系列的套筒上重新设计了准星，使其可以调整或更换。

兵器解密

反而装备了巴西军队。只有少量用于意大利海军的蛙人突击队。此后，不断改进的伯莱塔92型开始受到意大利警察的重视，成为警察和宪兵的装备。

成为美军的新宠

1985年，美国政府宣布M1911A1光荣退役，在这场没有硝烟的战争中，M1911A1败给了9毫米92F伯莱塔手枪。能够取代M1911而成为美军现役的制式手枪，足以说明伯莱塔公司生产的92F式9毫米手枪的性能。它是在92式系列手枪基础上研制而成的，被美军采用后命名为M9式手枪。

M9式手枪使用9毫米的帕拉贝伦手枪弹，军定型为M882型子弹，全重12.2克，弹头重7.4克。该弹威力大，弹丸停止作用好，可使人中弹后较快地失去抵抗能力。现已被美国陆海空三军、海军陆战队和海岸警备队正式列装。此枪枪身使用轻合金制造，整枪重量很轻，性能可靠，美军的青睐更使

其声名远扬。

新的发展

在枪械竞争激烈的年代，伯莱塔美国（子）公司在2000年终于决定对92系列进行重大改进，并在2001年推出一种名为"韦尔特克"的新型号。尽管韦尔特克型的全枪尺寸与92/96系列相差无几，在射击精度、可靠性和容弹量等方面也没有变化，但却重新设计了握把，让手掌小的人也能运用自如，而且这种新握把还经过一些著名的射手进行反复测试，以确保其符合人机工程学，使手枪的指向性与人手的自然指向相符。此外韦尔特克型还紧跟潮流，采用了整体式的附件导轨，因为在当前这个流行"战术"的年代，不管是军用市场、警用市场还是民用市场，能够方便安装各种流行的战术灯或激光指示器成为手枪市场上一个非常重要的卖点。

↑一队美国士兵手持伯莱塔92F手枪（即M9手枪）正在进行射击训练。该枪是美国警察广泛使用的手枪。

> CZ75 手枪的弹匣容量是 15 发
> "幽灵"手枪是 CZ75 SP-01 手枪的改进版

CZ75 型手枪 »

位于东欧的捷克和斯洛伐克曾经是一个国家，当年的捷克斯洛伐克是世界武器市场上的轻武器出口大国，其最有名的枪械企业，莫过于历史悠久的"CZ"公司。该公司出品的枪支皆印有该厂名的缩写 CZ 字样，这个品牌在国际武器市场上和当时前苏联的 AK 一样具有很好的声誉，其出产的 CZ75 手枪则是这个小国家最引以为荣的武器之一。

大师的杰作

在 1920—1940 年期间，是捷克斯洛伐克轻兵器发展的黄金时代，这些著名枪械都由布翁市的塞司卡·玻耳约佛卡兵工厂所设计生产。而其研制的 CZ75 手枪的面世，使世人更加见识到捷克斯洛伐克优良的制枪工艺。

CZ75 是由约瑟夫与法兰提司克·库斯基兄弟设计而成的。库斯基兄弟在比利时 FN 公司的"大威力"勃朗宁手枪的基础上，又吸收了多种手枪的优点，最后在 1975 年推出了 CZ75 半自动手枪。经过改良后，CZ75 手枪上的滑套与枪身结合滑动道槽较长，且导槽为连续无间断，在手枪射击时，较长的导槽能使滑套的运行顺畅。所以经枪械专家们试射过 CZ75 手枪后，都表示该枪在射击时枪身的平衡感与稳定度令人印象深刻。CZ75 手枪在 1976 年开始生产，并装备捷克斯洛伐克军队和警察。

出众的性能

CZ75 也是在勃朗宁"大威力"手枪之后最早采用双排大容量弹匣的 9 毫米手枪之一。它采用双动扳机，并在枪身左侧扳机上方，装有子弹射完滑套卡榫与握把上方的击锤保险。

击锤保险是枪支上的一种保险装置，当扳机没有完全扣下时，它会挡在击锤和撞针或击锤和子弹之间让它们无法接触，不会击发子弹。

因此非常适合全自动射击，其射速高达每分钟 1000 发。由于 CZ75 手枪的握把周径极小，适合手掌较小者使用，而且形状、角度在人体工程学上俱佳，握持射击时手感舒服，指向性好。

CZ85手枪是CZ75手枪的改良型，两者的重量相同。CZ85的部件比CZ75多，使用起来更安全。其特点是左右两侧都有手动保险和空仓挂机柄，左右手都能够操作。另外，CZ85手枪的滑套顶缘刻有棱纹，能增加滑套的强固性。

兵器解密

兵器简史

20世纪70年代库斯基兄弟推出了一支集世界名枪优点于一身的CZ75型9毫米双动手枪。CZ75手枪精巧的布局，合理的人机工效及能够实施转换套件的设计思想，令其一发而不可收，此后又出现了CZ85、CZ97B、CZ85B、CZ83、CZ100等各种型号。其中最成熟的型号是CZ75BD和CZ85B。2009年，CZ武器公司又推出了CZ75 SP-01"幽灵"手枪。

难挡的魅力

CZ75手枪推出后，因其射击的稳定性，保养简易性和低廉的价格，在欧洲的销售极佳。在CZ75手枪之前，欧美市场上几乎没有商业销售的社会主义国家研制的手枪，所以西方人刚开始接触CZ75手枪时，最初是由于新鲜感和便宜而受到欢迎。但随后人们就发现CZ75手枪的性能可靠，完全可以作为军事手枪；其精度也相当高，可用于射击比赛；再加上价格便宜，因此CZ75被认为是性价比相当高的手枪。但美国明令禁止进口CZ75手枪，后来美国有四家枪厂仿制CZ75手枪；而意大利、瑞士也仿制CZ75手枪，足见该枪的魅力。对许多人而言，CZ75可说是代表20世纪后期的最高杰作。

美中不足

虽然CZ75的性能出众，也受到很多人的喜爱，但其自身也存在一些缺点，比如CZ75手枪的击发机构稍微有点复杂，再加

上工艺问题，其扳机感稍微有点硬。这是CZ75手枪的一个主要缺点，尤其体现在新枪上，新枪再配上新手，就很不容易打出好的成绩。而CZ75手枪的另一个缺点是不大好分解，改装也不大容易，如果你是一个爱枪者，没有十足的把握和经验，就不要自己打磨扳机系统。

如今，随着时代的变迁，新时代的自动手枪相继问世，CZ75在许多设计上显得不符合时代的潮流。然而，CZ75并没有湮没在时代的洪流之中，其可信度、知名度仍是居高不下。

CZ75 SP-401手枪集合了众多手枪的优点

> 兵器知识 PPK是PP手枪中外形尺寸最小的一种 PPK手枪广为各国的情报机构采用

德国瓦尔特 PP 手枪 »»

1929年，德国瓦尔特公司推出了一种具有划时代意义的自动手枪，这就是众所周知的PP手枪。PP手枪的结构具有革命性的创新，它的设计者成功地把转轮手枪的双动发射机构，与自动手枪有机地结合在一起，实现了划时代的历史性跨越，这种简约的设计更有利于隐秘携带，因此这种结构理念体现在几乎所有的现代自动手枪上。

名噪一时的瓦尔特公司

自1890年代以来，德国不仅涌现了诸多著名手枪设计师，而且还曾是世界上手枪厂商最多的国家之一。"二战"后，德国的手枪产业曾出现过一段时间的停滞期，但是依仗着雄厚的设计根底又很快恢复了生气。德军手枪的变迁不仅见证了自动手枪的发展史，而且对世界手枪的发展史也产生了重要影响。

而说起德国手枪，就必须要提到瓦尔特公司。瓦尔特公司成立于1886年，由卡尔·瓦尔特创立，该公司曾经为德国生产了大量的手枪产品，最初的产品有9个型号，但并

不都很出名。"一战"后，瓦尔特公司先后推出了PP手枪、PPK手枪和P38手枪三种手枪，由于这三种手枪在"二战"中被广泛使用，成为当时最为著名的手枪，瓦尔特公司名噪一时。

受人青睐的PP手枪

PP系列手枪中最早出现的是PP手枪，是一款专门为警察部门研制的手枪。该手枪最初于1929年面世，采用自由枪机式自动方式，在结构上集中了当时世界上一系列最先进的设计特点：采用勃朗宁手枪复进簧直接套在枪管上的结构布局；瓦尔特独特的套筒与枪身分解结合结构；双动发射机构；膛内有弹指示器；设有手动保险、击针保险、跌落保险、枪机不到位保险等多重保险，并大胆地把外露式击锤和横向按压式弹匣扣等大中型战斗手枪的可靠结构，用在了小型自卫手枪上。

这些特点使这支现代自卫手枪既不失小型手枪的精干小巧，又给人以可靠顶用之感。PP手枪一经推出，立即受到各界青睐，

🔴 瓦尔特 PP 手枪

PP手枪的双动扳机配合击锤击发系统设计使子弹上膛后安全性提高，一旦遭遇状况，警察可立即拔枪射击。虽然击锤是在原位，但可经由扣动扳机使双动扳机的机械联动使击锤扬起后，再释放击打撞针，而上述的动作仅靠一根食指就可完成，而另一只手则可用于制服嫌犯。

在德国很快就被当做军官、政府要员以及警务、特工人员的自卫武器。

PP手枪的变型枪——PPK

PP手枪在推出后很快成为德国警察的标准装备，但是德国情报机构需要更为特殊的手枪。特工和情报人员常常需要便衣执行任务，而PP手枪的外形显然偏大。正是鉴于这种需求，瓦尔特公司于1931年又适时推出了PP手枪的变型枪，这就是同样著名的PPK手枪。

PPK的名字来源于德文缩写，意为"警用侦探型手枪"，这一名字本身就表明了PPK的重要特点，那就是该枪比普通的PP手枪更为小巧，更便于隐藏，适于穿着便衣的警察携带，必要时甚至可以在衣服口袋里直接发射。看过007系列电影的朋友们都不会忘记属于007的那种招牌装备——PPK手枪。这种外形小巧的自动手枪，几乎已经成了特工人员精明干练的一种外在象征。

接受战争的考验

PPK手枪的问世，事实上与PP手枪构

著名的 PPK 手枪也经常出现在电影当中

成了一个适合于特殊工作需要的自卫手枪族。PP/PPK手枪的结构极为简单，两枪的零件总数分别是42件和39件，而其中可以通用的零件为29件。与它的"兄长"相比，PPK战技性能不减，"体形"却更轻便小巧，隐蔽携带更为方便。同时，在使用安全性上的考虑也更为周到。

在第二次世界大战期间，瓦尔特PP和PPK手枪被广泛配发给德国宪兵、空军和其他勤务人员使用，纳粹党的官员们也乐于佩戴这种手枪。值得一提的是，向来很少佩戴武器的阿道夫·希特勒本人也拥有瓦尔特PPK手枪，在苏军逼近柏林的元首地下隐蔽部的最后时刻，他正是用PPK射穿了自己的脑袋。

时至今日，PP/PPK手枪仍在欧美乃至世界各地广泛使用。

兵器简史

德军使用的制式手枪，全部都是以P开头命名的。这种命名方式早在德意志帝国时期就开始了，1904年，德意志帝国海军采用鲁格手枪作为制式武器，并将其命名为P04手枪，从此开创了德军手枪以P开头命名的先河。二战结束后，无论是分裂还是统一的德国，这一命名传统也同时沿用了下来。

兵器知识

> 卢格 P08 手枪设计了有弹指示器
> 卢格 P08 手枪的加工非常精良

德国卢格 P08 手枪 >>>

在第一次世界大战之前就被德军采用的卢格 P08 手枪,是德军的代表性武器之一,它由乔治·卢格研制,主要用途是杀伤近距离目标。德国军队于 1908 年选用这种枪作为正式装备。它作为德国军人的一种荣耀,影响着那一个特殊的年代。卢格 P08 手枪造型优雅,结构独特、可靠性比同期的手枪好,因此,是当时最具魅力的半自动手枪。

卢格与 P08

1890 年,美国人雨果·博查特研制了世界上第一把自动手枪(采用肘节式枪机闭锁机构的半自动手枪)。作为博查特的同事,乔治·卢格对于博查特的发明表现出了浓厚的兴趣和赞赏。

卢格在详细研究了博查特的发明后,对博查特手枪的结构做了进一步的改进设计。1898 年,乔治·卢格在 C93 博查特手枪的基础上改进设计出了新型手枪,这把枪也成了世界上第一支制式军用半自动手枪,口径为 7.65 毫米,人们将其称为 30 卢格。在此基础上,卢格于 1904 年又推出了新式卢格手枪,并被德国海军采用,在 1908 年又为陆军采用,并被陆军更名为 P08,开始了在德国军队中长达 30 年的服役生涯。

卢格从小受父亲影响爱好枪械与射击,从美国北卡罗来纳大学毕业后,曾在萨维奇公司及柯尔特公司工作过,1939 年在斯普林菲尔德兵工厂从事枪械设计,后来在雷明顿公司及史密斯·韦森公司工作,1941 年进入美国军械部就职。由于他是德国籍的移民,所以在其设计的作品中,很明显地流露出德国式的风范。

良好的性能

卢格 P08 式手枪采用枪管短后坐式工作原理,是一种性能可靠、质地优良的武器。这把枪配有 V 形缺口式照门表尺,片状准星,发射 9 毫米帕拉贝鲁姆手枪弹。卢格 P08,除了勇夺史上第一支军用半自动手枪的地位之外,它最大的特色还在于参考了马克沁重机枪及温彻斯特步枪的作业原理,开发出了肘节式闭

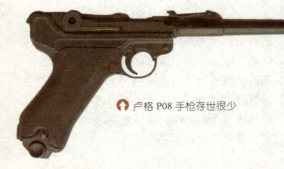

卢格 P08 手枪存世很少

卢格P08于1908年问世，装备德军达30多年，由乔治·卢格设计，与以往手枪不同的是：采用手动保险反位，重心置后，使枪管重量减轻，平衡性能好，其瞄准基线即全枪长度，从而提高了射击精度，在旁边燕尾槽上有可调的防折射准星，此枪有多种派生枪。

兵器解密

🔴 卢格 P08 手枪在一战、二战中应用很广。

锁机。肘节式的原理，类似人类的手肘，伸直时可以抵抗很强的力量，一旦弯曲，很容易继续收缩。

该枪在第一次世界大战及第二次世界大战中通用于机枪手、战车兵、伞兵、下士官等军方战斗人员以及境内保安警政等单位。虽然几乎同期出现的柯尔特政府型手枪，也是一支优秀的手枪，且在美军的服役时间较长，但在总体感觉上，其魅力不及P08手枪。

多种变型枪

P08手枪有多种变型枪，从口径看，有7.65毫米和9毫米两种，9毫米是德军为了迎合战时对大威力手枪的需求，于1936年增设的口径。该口径的 P08 手枪使用9毫米巴拉贝鲁姆弹，这种弹直到现在仍被各国广泛用作军、警制式枪弹。另外，从枪管长度看，P08手枪有标准型(枪管长102毫米)、海军型(枪管长152毫米)、炮兵型(枪管长203毫米)、卡宾枪型(枪管长298毫米)和商用型(枪管长有89毫米、120毫米、191毫米、254毫米和610毫米)这5种。

其中，炮兵型是P08手枪中的宝中宝，极其珍贵，由德国DWM公司于1914—1918年生产，仅2万把。

卢格 P08 的命运

卢格P08作为一战、二战最具有代表性的手枪，其最初由德国的军火制造商——德国武器和军需品生产公司(DWM)生产。一战后的一段时期内，德国政府曾禁止生产卢格P08，但后来为了出口，DWM公司又重新生产，1933年纳粹党执政，大部分生产转到毛瑟公司。德军最少制造了200万把卢格P08，包括最少35种改良型号。但由于其生产工艺要求高，零部件较多，成本也较高，因此其实际上并不适合在战时使用。最终，在1938年该枪被P38手枪取代。但该枪的生产并未停止，直到1942年底才正式结束其批量生产。

经过第二次世界大战的消耗，卢格P08剩余极少，因此对于现在的人来说，其有着极高的收藏价值。

◀兵器简史▶

卢格P08手枪的设计是由乔治·卢格在 1898 年和德国的军火制造商——德国武器和军需品生产公司(DWM)共同完成的，并于 1900 年开始生产。它是在 C93 博查特手枪的基础上演变而来的，于1898年定型，1900年被瑞士采用为制式手枪。1904年，新式的卢格手枪获得德国海军采用，随即在 1908 年为陆军采用并命名为 P08。

> P228 的许多部件可与 P226 的互换
> P239 手枪握把的厚度仅 32 毫米

P228 式手枪 >>>

由瑞士工业公司（SIG）研制，德国绍尔公司生产的 SIG-SAUER 手枪系列，从 1946 年至今已推出多种型号。由于该公司研制的手枪具有携行使用方便、安全可靠、射击精度高、坚固耐用等优点，而为世界许多国家的军队特别是警察、执法、治安和特种部队所采用，并受到了普遍的好评。其中，以 P228 式手枪最为典型，是美军的制式手枪。

著名的 SIG 公司

1853 年，三个瑞士人在莱茵河附近开设了一家生产四轮马车的工厂，后来，马车制造厂加入研制新型步枪的竞争，希望瑞士军队会采用。终于，马车制造厂获得了一项生产 3 万把步枪的订单，于是他们把公司名字更改为瑞士工业公司，也就是现在的 SIG。

因瑞士为永久中立国，而坚强的国防是保持中立的唯一基石，所以 SIG 公司专责生产瑞士国防军队所使用的各式轻武器，包括手枪、突击步枪、轻机枪等。由于瑞士宪法有不得出口武器的限制，所以 SIG 与德国一枪厂合并，SIG 销往全球的轻兵器则先输往德国，再由德国公司负责出口，而所有输出轻武器皆冠上 SIG SAUER 字样。

源自 P220 手枪

从 SIG 公司创办到现在，他们生产了许多著名的手枪，P220 手枪就是其中的一种。

P220 手枪在 1970 年开始研制，于 1975 年被瑞士军方采用，军方编号为 M75，总共订购 20 万把以替换 P210 手枪。凭着其性能优良、操作可靠的特点，P220 系列在军用、警用和民间市场都很受欢迎。P220 枪经 SAUER 公司销往全球，才使世人知道瑞士不只是钟表王国，更是制枪重镇。1994 年日本获 SIG 授权生产 P220 手枪，供自卫队使用。

在 P220 手枪的基础上，SIG 公司研发了一系列手枪，P228 式手枪仅是其中的一款。P228 在 1988 年投放市场，并很快以其卓越的性能赢得了各国军方的认可。

🔊 P228 式手枪是 SIG 公司的经典之作

P228采用枪管短后坐式工作原理,枪管摆动式闭锁,弹匣容量13发。该枪采用普通机械瞄准具,后瞄准器座下有一方形白点,准星上也有白点。空仓挂机机构可在弹匣射空时,使枪机挂在后方,便于迅速更换弹匣;双向弹匣扣在枪的左右两侧皆可装配,以利于左手射击者使用。

兵器解密

成为美军的制式手枪

就像P225是P220的紧凑型一样,P228实际上是采用双排弹匣的P226的紧凑型,其尺寸较小。为了能进一步缩小全枪外形,P228还采用了容量较少的弹匣,除此以外,P228与P226基本相同。

P228式手枪对人体工程学运用得非常好。握把形状的设计无论对手掌大小的射手来说都很舒服,而且指向性极好。双动扳机也很舒适,即使是手掌较小的射手也很能舒适地操作,而单动射击时感觉更佳。另外又把原P226握把侧片上的方格防滑纹改为不规则的凸粒防滑纹,使P228的握把手感非常舒适。所以后来生产的P226也改用了类似P228的握把设计。

经过大量对比测试后,美军在1992年4月正式采用P228,并命名为M11紧凑型手枪,配发给宪兵、飞行机组人员、装甲车组人员、情报人员、将官以及其他认为M9手枪握把尺寸过大的军事人员使用,另外军队的军事犯罪调查机构陆军刑事特别调查处、空军特别调查办公室和海军调查局的工作人员都把M11作为随身武器。

与P228相似的P229

由于P228式手枪只有9毫米口径,并不能像P220那样可更换不同口径的枪管。为了让采用双排弹匣的SIG-SAUER系列手枪有多种不同的口径选择以满足市场的

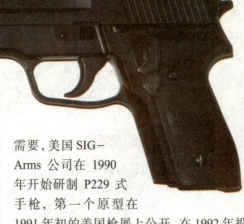

需要,美国SIG-Arms公司在1990年开始研制P229式手枪,第一个原型在1991年初的美国枪展上公开,在1992年投放市场。外表上,P229与P228非常相似,尺寸相同。事实上,P229就是在P228的底把上设计出来的,所有的内部机构都是P228的,P229与P228的主要区别是在口径和套筒设计上。在生产工艺上,SIG公司把原有的冲压成形改为机加成形。

兵器简史

P226是一种单/双动击发的半自动手枪,最初只有的9毫米×19毫米口径型,从1996年开始推出了新的的型号。P226原本是为1980年代初期参与美国JSSAP办公室主持的XM9手枪竞争计划而设计的,竞争的优胜者会成为美军新的制式辅助武器。在那次竞争中意大利伯莱塔92F取胜,除了伯莱塔92F外,只有SIG-SAUER P226被评为"技术上可接受"。

陶鲁斯手枪 »»

坐落在巴西阿雷格里港的福尔佳斯·陶鲁斯公司,于1939年成立。经过一系列的发展后,陶鲁斯公司和它的产品被世人所关注,而如今已是在世界各地建立了分公司、产品逾百种的国际性轻武器行业巨头。可以说陶鲁斯系列手枪组成了一个庞大的家族,其中的成员包括了袖珍的PT22、PT25、P58以及标准尺寸的王牌PT92等。

一举成名

1974年,意大利的伯莱塔获得了巴西政府的大量订单,在巴西西南部沿海工业中心圣保罗设厂,为巴西军方和政府生产手枪。后来在完成了对巴西政府的军事采购合同后,伯莱塔干脆将工厂卖给了陶鲁斯公司,连同工厂一起转手的包括全部的图纸、工具、机器设备以及素质很高的员工。与伯莱塔的交易使陶鲁斯走了捷径,短时间内它的产品目录上出现了多种自动手枪,包括袖珍的PT-22、PT-25、PT-58以及标准尺寸

PT-92

的王牌PT-92。陶鲁斯的PT-92与伯莱塔早期M92系列相同,而和较新的伯莱塔92F等有所区别。

但这时候的陶鲁斯公司并不出名,直到在1984年达拉斯的SHOT展上,陶鲁斯做出了一个颇有冒险性的举动:宣布为客户提供全寿命期保修政策。这项政策对整个枪械行业和市场产生了巨大冲击,它的超前性是显而易见的。陶鲁斯也因此成为实施此项政策的第一人而开始广为人知。

与众不同的新风格

陶鲁斯公司是从1980年开始生产自动手枪的,PT-945是其生产的第一种自动手枪。PT-945采用陶鲁斯独特的三位置保险,该保险系统早在1991年起就开始在陶鲁斯自动手枪中普遍采用。在套筒座后部两侧各有一手动保险柄,可左右手使用。该保险可允许手枪在待击状态下安全携带。将保险柄下压到底可安全解脱待击的击锤。除手动保

兵器解密

　　PT24/7手枪采用不锈钢或经发蓝处理的套筒,套筒在黑色聚合物套筒座的衬托下显得非常精细。该枪的握把设计符合人机工程学,握把前部有两个手指形凹槽,侧面刻有防滑纹,握把柔软而富有弹性,握持舒适,即使发射威力较大的手枪弹,仍然感觉后坐力适中。

陶鲁斯94

　　险外,还有击针自动保险和弹膛有弹指示器。套筒座左侧有分解杆,分解动作是伯莱塔风格的。PT-945单排弹匣可容8发枪弹,握把细长扁平,握持感觉与9毫米的PT-908相近,而不会像使用其他手枪那样感到自己的手指短小。

　　PT-945与9毫米的PT-908和PT-940构成一族。陶鲁斯试图通过这一族产品向外界表示:它将逐步摆脱与伯莱塔不分彼此的设计款式。

全新的M608

　　自从自动手枪在北美大行其道后,左轮手枪渐渐退入角落中。然而1993年,美国枪械管理法律戏剧性的变化给左轮手枪带来了契机。新法律规定武器弹仓的容弹量不能超过10发,这给左轮手枪带来了契机。陶鲁斯公司也适时地在M607的基础上推出了全新的M608。

　　M608是由工厂大批量生产的第一种可装8发枪弹的左轮手枪。每一支M608都有一补偿系统,即在枪管顶部肋条上钻有8个孔。这个补偿系统可有效地抑制枪口上跳,

而且还使可感后坐有所减小,精度则并没有多大损失。另外,M608之所以全新,是因为它采用了陶鲁斯最新开发的扳机机构,其扳机运动的平稳程度可与那些在作坊中精心加工的定做枪相媲美。

超现代的PT24/7手枪

　　除了研发新式左轮手枪,自动手枪仍是陶鲁斯公司的重头戏。PT24/7手枪就可以堪称陶鲁斯公司第三代大威力自动手枪的代表之作。它是陶鲁斯公司一款较新的产品。其全枪长181毫米,全枪质量0.77千克。作为战斗手枪,其尺寸大小堪称完美,而且质量小、结构紧凑、便于隐蔽携带。此外,该枪可发射9毫米巴拉贝鲁姆手枪弹,采用聚合物套筒座,枪管短后坐式自动方式,是一种纯双动的自动装填军用手枪。总之,设计优秀、加工精良、性能可靠的PT24/7手枪,是陶鲁斯家族中一位值得骄傲的新成员。

兵器简史

　　陶鲁斯公司在其成立后的头40年里,专门研制生产转轮手枪。进入20世纪80年代,该公司开始生产自动手枪,其在自动手枪方面的第一个成果是PT92手枪。到了1993年,陶鲁斯公司的第二代自动手枪PT908首次亮相,其系列包括:PT911手枪、PT940手枪、PT945手枪等。最具现代风格的手枪则以1998年出现的PT111式9毫米手枪开始。

瓦尔特 P99 >>>

德国瓦尔特公司在1994年以P88为基础重新设计了一种适合平民自卫或执法人员使用的半自动手枪,并吸收了市场上许多新产品的研究成果,如聚合物制成的整体式底把;瓦尔特的这种新手枪在1996年对外公开,并命名为P99自动手枪。P99手枪是瓦尔特公司产品的里程碑,是一款具有划时代意义的重要手枪。

瓦尔特公司的创新

德国瓦尔特公司创建于1886年,100多年来,该公司生产了一系列击锤击发式手枪。但击锤击发式手枪有其缺点:一是击锤外露,必然在击锤和套筒之间留有空隙,外界杂物容易进入机构内部,导致机构失灵;二是扳动击锤时容易失手,使击锤向前打击击针,从而击发枪弹,引起意外走火;三是击锤击发式手枪机构相对复杂,质量大,外表没有无击锤的击针式击发机构的手枪平滑。因此,1996年,瓦尔特公司开始研制采用改进的勃朗宁闭锁系统的P99手枪。

P99手枪是瓦尔特公司第一支采用没有击锤的击针式击发机构的手枪。P99采用的是被称为"快速动作式"的击发机构,即类似于GLOCK手枪那样的半双动击发,平常击针处于半待击状态。在待击状态时,击针尾部会在套筒后面的凹陷处凸出并显示红色标记,提醒射手枪已处于待击状态,在夜间射手可以通过触摸套筒尾部而感觉到。

装有绿色握把片的9毫米 P99

手枪中的佼佼者

由于采用了"快速动作式"的击发机构,P99手枪逐渐在手枪界享有安全手枪的美誉。而为满足德国警察局提出的对警用手枪的新需求,瓦特尔公司还设计了较完善的新型保险机构,其保险控制容易、作用可靠、反应迅速,这也是P99手枪最有价值的地方,也使P99手枪成为手枪中的佼佼者。

P99手枪设有3种保险机构:扳机保险、击针保险及待击指示保险机构。同时,击针

瓦尔特公司生产的P99空包弹手枪可以发射口径为8毫米没有弹头的宅包弹，并且可以发射特种催泪气体弹作为防身非杀伤性武器使用。为了防止在装填枪弹时被弹夹卡住，提高了8毫米空包弹弹口部的加工工艺，保证弹口的圆滑和供弹的顺畅。

保险及扳机保险机构也起到了跌落保险的作用。这3种保险机构确保了P99手枪在使用过程的安全可靠性。经测试，P99手枪在装弹待击的情况下，即使从不同的角度跌落到钢板、水泥地及塑料表面上，也不会击发。

情报局的"宠儿"

当P99推出后不久，立即就在《007》系列影片《明日帝国》中成为詹姆斯·邦德的新宠，替换掉了其使用了30多年的PPK手枪。电影中出现的P99手枪加装了消音器，可满足在特殊环境下射杀目标的行动需要。瓦尔特公司借助这部电影在全球的放映，也达到了为新枪做宣传的目的。

借助电影的宣传效应，P99凭借着短小精悍的身材和先进可靠的性能，很快成为了诸如美国中情局（CIA），英国的MI-Ha5、

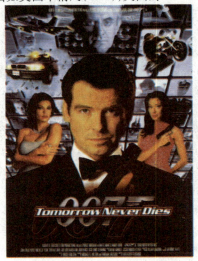

《007》系列影片的宣传海报

兵器简史

P99手枪于1994年开始论证设计，1997年第一次进行公开展示。早期的9毫米口径P99手枪1999年改进成发射40口径史密斯·威森子弹的手枪，瓦尔特公司并且在2004年推出了新款具有双动功能的P99手枪，新型手枪更加注重操控性能，可以根据每个人的手形不同更换握把。

MI-Ha6与空降特勤团（SAS），德国的GSG-Ha9特种部队与以色列摩萨德等情报局的"宠儿"。

各种P99手枪

P99手枪除了军用的双动/单动型外，还有快动型、紧凑双动型、紧凑单动型、紧凑快动型等型号。此外，还有用于民用的工艺枪、训练枪和气动枪。

在世界不同的地区市场，销售着不同标志的此类手枪。例如在欧洲市场上销售的P99手枪照门带有U形荧光标记，准星带有荧光点；在美国市场上销售的P99手枪照门缺口两侧、准星上各带有一个荧光点。此外，瓦尔特公司也配有氚光管瞄具，供使用者选择。U型照门可进行方向调节，宽4.6毫米；准星有4种不同高度，可根据需要选用，准星宽3.6毫米；大容量钢制弹匣可装16发9毫米巴拉贝鲁姆手枪弹。

P99手枪以其质量轻、结构紧凑、动作可靠、射击迅速等特点而深受使用者的好评，已被西班牙、葡萄牙、英国以及泰国的警察执法部门所采用。

> 现代冲锋枪的口径大多数为9毫米
> PPSh41 在 "二战" 中应用很广泛

冲锋枪 >>>

冲锋枪是一种现代单兵近战武器,长度介于手枪和机枪之间,可以发射手枪弹,抵肩或手持射击。由于其短小精悍、火力迅猛、携带方便,非常适合冲锋或反冲锋、山岳丛林、阵地堑壕、城市巷战等短兵相接的遭遇战和破袭战等,是轻武器家族中不可缺少的重要成员之一,主要装备于步兵、伞兵、侦察兵、炮兵、空军、海军等。

⚡ 短小精悍的冲锋枪

应运而生

在战争中,武器的火力成为战争胜败的关键。进入20世纪后,人们在实战中感到,在步枪和机枪之间还应配备一种火力较猛的单兵近战武器,以弥补空缺。冲锋枪就是为满足这一需要应运而生的,而马克沁所发明的自动枪原理使冲锋枪的诞生成为可能。

由于冲锋枪诞生的理念是,既要提高火力,又不能增加枪的重量。因此,自冲锋枪诞生的那天起,外廓尺寸和重量就受到严格限制。第二次世界大战以来,在战场上,冲锋枪开始取代手枪,但是从本质上说,冲锋枪应该是单发弹仓步枪和机枪之间的武器。

最早的冲锋枪

最早的冲锋枪是从19世纪90年代起开始设计的,但直至第一次世界大战开始后才出现了几支样枪。至于冲锋枪是谁首创的,在有冲锋枪这个词之前,人们叫它轻机枪,直到后来美国人将它命名为冲锋枪,它才有了自己的名字。所以有些人会根据"submachine gun"的英文名称认为是美国人创造了冲锋枪,而真正首创的人是意大利人。

被誉为冲锋枪之父的意大利人列维里于1915年设计成功的"维拉·佩罗萨"1915式9毫米冲锋枪是世界上第一支发射手枪弹的自动武器,被公认为是冲锋枪的鼻祖。该枪为双管自动枪,发射9毫米手枪弹,由于该枪射速太高(3000发/分),精度很差,又较笨重,不适合单兵使用,所以不太受欢迎。

兵器解密

1918年，德国著名武器设计师施曼塞尔设计、伯格曼军工厂生产的伯格曼 MP18 型冲锋枪问世了。该枪发射9毫米手枪弹，虽然射程近，精度不高，但它适合单兵使用，具有较猛烈的火力，所以迅速装备了德国军队；但当时一战已近尾声，它未能来得及发挥威力。

兵器简史

1915年，意大利人列维里制造出第一把具有冲锋枪特征的连射枪支，其短小精悍、火力猛烈，但是在诞生之初却一直没有成为军队大范围装备的制式武器。直到第二次世界大战时，冲锋枪才被军队所广泛重视和使用。而在中国，冲锋枪却早早就被用于实战，并发挥了强大的威力。

冲锋枪的特点

在"一战"中，冲锋枪让人耳目一新，成为人们关注的新型枪支。冲锋枪的基本特点可概括为：体积小，重量轻，灵活轻便，携弹量大，便于突然开火；射速高，火力猛，适用于近战或冲锋，故得名"冲锋枪"。冲锋枪采用结构简单的自由枪机方式完成射击循环，即靠枪机的质量和复进簧力关闭弹膛，靠膛底压力推动枪机后坐。但更多冲锋枪采用半自由枪机式自动方式，即利用某种约束措施以减小机头（或枪机）后坐速度，延迟开锁。

在各国开始研制这一新出现的枪种中，其中德国研制的伯格曼 MP18I 式 9 毫米冲锋枪是世界上第一支真正实用的冲锋枪，同时出现的主要冲锋枪还有美国的 M1928A1 式汤姆逊冲锋枪、芬兰苏米 M1926 式冲锋枪和苏联的 PPD1934/38 式冲锋枪。

发展的形势

在第二次世界大战中，冲锋枪发展到全盛时期。在 1939 年，全世界装备的冲锋枪不过6万支，而到1944年时，这个数字变成了 1000 万支以上。期间发展了多种型号的冲锋枪，如 MP38 及其改型 MP40 型冲锋枪、苏联 1936 年生产的"西蒙诺夫"冲锋枪和英国 1940 年生产的"司登"型冲锋枪等，都是当时的名枪。

"二战"后，由于冲锋枪枪弹威力较小，有效射程较近，射击精度较差，加之具有冲锋枪的密集火力和步枪的射击精度、基本具备了步枪与冲锋枪合一的性能的突击步枪的发展，因此在"二战"后冲锋枪的战术地位迅速下降，逐渐为突击步枪所取代。从国外轻武器发展势头来看，现代的冲锋枪进一步向轻型和微型化发展，并走向多功能化、系列化，而且大多使用 20—40 发的直形或弧形弹匣供弹，战斗射速单发时约为 40 发/分，连发时为 100 发/分—120 发/分。

⟱ 战斗中的冲锋枪

汤普森系列冲锋枪 >>>

汤普森冲锋枪是以美国汤普森将军的名字命名的一种 11.43 毫米冲锋枪。作为冲锋枪的"元老"之一，该枪在 20 世纪二三十年代曾因很多杀人越货的匪徒都在使用而变得声名狼藉。但由于其战斗性能非常优越，因此成为美军装备的第一种冲锋枪。自从在第二次世界大战中经受住严峻的考验后，它成为世界上有影响的著名冲锋枪之一。

革命性的轻武器

提起威震第二次世界大战的汤普森冲锋枪，可能许多人误认为汤普森就是此枪的设计者。汤普森是美国的一个退役中将，曾任自动武器有限公司经理，他将自己大部分生涯用于研制和发展自动武器，在该枪的研制中起到了促进作用，所以这款枪便以汤普森的名字命名。但汤普森并不是该枪的发明人，这种枪的真正设计者是美国的佩思、埃克霍夫两人。不过，冲锋枪在美国出现，实与汤普森有很大关系。

1920 年，汤普森公司开始公开展示汤普森冲锋枪的样枪，以争取军队的订单。这款新式冲锋枪使用美军 45ACP 标准手枪弹，由一个容弹 100 发的巨大弹鼓供弹，射速高达每分钟 1500 发，100 发的弹鼓 4 秒钟就打光。汤普森公司的广告牌称此枪为"堑壕扫帚"，就是突出其无比强大的火力。到场的专家纷纷称赞这是当时最具革命性的轻武器。

汤普森系列冲锋枪

民用型汤普森 M1927

汤普森冲锋枪原来的目的是为了军用，但是在美国民众里有一群天生就爱摆弄武器的人。于是，唯利是图的军火商们就向市场推出了民用型号的汤普森 M1927，此枪和所有的汤普森系列一样，都是发射 11.43 毫米口径的手枪弹，使用 50 发装的弹鼓供弹，火力强大。但是，为了能在民用枪械市场上销售，此枪改成了半自动发射。不过，谁也没料到，狡猾的美国黑帮分子也开始注意到了这种枪械，尤其是芝加哥的黑手党，他们大量地搜购市场上的汤普森 M1927，然后改

M1A1式11.43毫米冲锋枪是M1式的改进型，它的主要不同之处是将活动式击针改为固定式击针，并取消了击铁，其他与M1式完全一样。其自动方式仍然是自由枪机原理，此式冲锋枪枪管处无散热圈和枪口减震器，击针固定在机心上，并成为一个整体。

装成全自动，而且黑帮分子们也不是省油的灯，他们选择了装弹量大的弹鼓，踊跃投入到黑帮对拼中去。

犯罪的象征

在闻名的美国圣瓦伦丁节（即2月14日情人节）大屠杀案中，黑手党党徒曾使用了汤普森冲锋枪。由于许多黑手党在帮派抗争中使用了该枪，并且是芝加哥的黑手党率先使用，因此，这种被黑手党党徒称为"芝加哥打字机"的武器，比它的真名"汤普森冲锋枪"的知名度更大，因为它扫射时发出的声音与打字机运作时的声音有些相似，所以就得了这个奇怪的绰号。同时黑手党的暗杀者们还喜欢将该枪的枪托卸下来，然后将枪装在小提琴盒里，发现目标后，再拿出来尽情扫射，所以，它还有另一个绰号——芝加哥小提琴。不仅在美国如此，就连中国的黑帮也曾经用过这种枪。尽管当时的联邦调查局人员也多数使用汤普森冲锋枪，但这种枪实质上已经成为黑手党及美国非法者最好的帮派武器了。

大器晚成

由于汤普森M1927被黑帮组织用得臭名昭著，使得美国军方一直拒绝采用汤普森冲锋枪作为官方武器装备。另外的原因是，在黑帮所广泛使用前，美军认为这种枪没有实战经历，保守地选择了路易斯轻机枪。后来，当美国黑帮不断使用这个"芝加哥打字机"的时候，美国政府才开始重新注意这种枪。

而真正大量使用是在日本偷袭"珍珠港"事件之后，这次事件将美军拖入第二次世界大战。价格昂贵而且笨重的路易斯轻机枪逐渐不再适合于应付大规模的战争了，所以美军开始重新启用汤普森冲锋枪，并将这种枪做了一定的改装。随着战事的扩大，汤普森冲锋枪开始向世界各地散播。从此，第二次世界大战期间又多了一支射速快而且被普遍使用的冲锋枪。

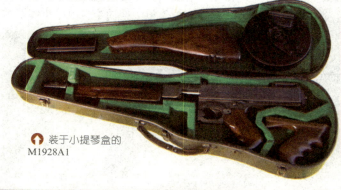

⬆ 装于小提琴盒的 M1928A1

> MP5K 冲锋枪采用缺口式照门
> MP5KA1 采用无护圈片状准星

MP5 冲锋枪 >>>

提 起反恐精英，人们自然而然就会想到一个个身着黑色或迷彩作战服和防弹背心、头戴贝雷帽、手提 MP5 冲锋枪的特种兵。从某种程度上说，MP5 已经成为了反恐力量的一个象征。其迅猛的火力和高精确度的结合，成为反恐部队尤其是营救人质小组的首选武器，这也正如 MP5 的广告宣传语所说的那样：当生命受到威胁，你别无选择。

冷战的产物

20 世纪 50 年代初期，当时的联邦德国于 1954 年开展了与制式步枪不同的制式冲锋枪试验，以此促进本国冲锋枪的研制开发。著名的 HK 公司参加了这次试验，并在这次试验的基础上，设计了使 G3 步枪小型化的冲锋枪，命名为 9 毫米 MP HK54 冲锋枪。由于种种原因，该枪直到 1964 年尚未投入生产，仅有少量的试制品。

l965 年，HK 公司向有关军事部门公开了 MPHK54，并向联邦国防军、边防警卫队和各州警察提供试用的 MP HK54 样枪，目的在于推销该产品。1966 年，边防警卫队将试用的 MPHK54 冲锋枪命名为 MP5。这个试用名称一直沿用到现在，成为 MP5 产品的正式名称。

➡ 1976 年版本的 MP5A3，前护木有金属防滑纹。

MP5 的改进型

就在同一时期，瑞士警察也采用了 MP5，成为第一个德国以外采用 MP5 的国家。通过试用，HK 公司对 MP5 原枪型的瞄具进行了改进，将翻转式照门改为可在 25—100 米之间调整的回转环式照门；露出的准星改为带防护圈的准星；带鳍状物的枪管改为光滑的不带鳍状物枪管；枪管前方增加了三片式的卡笋，用以安装消声器、消焰器之类的各种枪口附件，经过上述改进的 MP5 被称为 MP5A1。MP5 及其改进型的性能优越，特别是它的射击精度相当高，这是因为 MP5 采用了与 G3 步枪一样的半自由枪机和滚柱

1970年，HK公司推出了MP5的新改型MP5A2和MP5A3。外形上，MP5A2和A3与MP5和MP5A1一样，只是在枪管的安装方法做了改良，采用了浮置式枪管，即枪管不再用前后两点固定的方式，仅安装在机匣前端而形成浮置状态。枪管长225毫米，6条右旋膛线。

兵器解密

闭锁方式，而当时大部分冲锋枪均采用枪机自由后坐式以减少零部件，降低造价。

短枪管的MP5K

20世纪70年代是都市游击战的疯狂年代，恐怖分子袭击重要人物时多采用火力猛烈的冲锋枪和突击步枪。而保护要人的警卫同样需要火力猛烈的全自动武器，而且为出入公众场合，这种武器还需要像半自动手枪那样可以隐藏在衣服下，避免引人注目。1976年HK公司推出的短枪管MP5K，就是在这种背景下产生的。

由于枪管缩短，护木也相应缩短，为了使枪便于握持，在枪管下方安装了垂直的前握把。前握把前方有一个小型向下凸块，可防止在黑暗等情况下使用时手指伸到枪管前方而受伤。此外MP5K的机匣后端也被切短，而为了小型化，MP5K没有枪托。

恐怖分子的克星

到了20世纪80年代，美国轻武器装备服务规划办公室（JSSAP）需要为特种部队

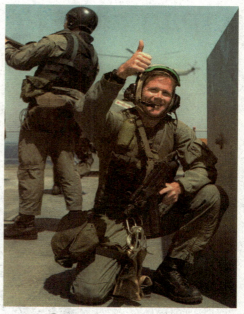

海豹特种部队携行MP5N

寻求一种性能可靠的9毫米冲锋枪，经过多番对比试验，最后选定HK公司生产的MP5冲锋枪，就这样，MP5又从美国获得大量的订单，首先是军方的特种部队，然后是各地的执法机构。就像广告里的宣传语那样，MP5差不多成了反恐怖特种部队的标志。

在1977年10月17日，德国反恐怖特种部队在摩加迪沙机场的反劫机作战中使用了MP5，4名恐怖分子都被MP5击中，其中3名当场死亡，1名身负重伤，近80名乘客得到了营救。

对付恐怖分子的攻击使MP5名声大噪。从某种程度上来说，MP5冲锋枪已经成为了反恐力量的一种象征。

◀━━━ 兵器简史 ━━━▶

从MP5冲锋枪诞生以来，共有一百二十多种变型枪。其优良的性能已经博得二十多个国家特种部队的青睐，是公认的世界名枪。为美国海军特种部队制造的海军型MP5，即MP5-N则是其中之一。MP5-N是以MP5A2、A3为基础，进行了防海水腐蚀处理，枪口可选用消焰器或KAC公司生产的湿式消声器。

MP40 冲锋枪 ＞＞＞

整个第二次世界大战最具传奇色彩的冲锋枪，当属德国 MP38/40。MP40 及其原型 MP38，是与传统枪械制造观念所不同的冲锋枪，它不但具有现代冲锋枪特点，而且是批量生产设计的第一种冲锋枪。它们也是第二次世界大战期间德国军队使用最广泛、性能最优良的冲锋枪，在"二战"的战场上大出风头，一时成为纳粹军队的形象标志。

MP40 的原型

德国 9 毫米 MP38 冲锋枪是第二次世界大战期间使用最广泛的冲锋枪之一，在许多反映"二战"的电影、电视中常常可看到纳粹"党卫军"手持该枪的凶恶形象。的确，这种枪曾被德国法西斯所使用，征城掠地，残害人民，血迹斑斑。但就枪本身而言，它却是一款有口皆碑的优秀冲锋枪。

MP38 式采用自由枪机式工作原理。复进簧装在三节不同直径套叠的导管内，导管前端为击针。射击时，枪机后坐带动击针运动，并压缩导管内的复进簧，使复进簧平稳运动。该枪的机匣用钢管制成，发射机框为阳极氧化处理的铝件，握把和前护木均为塑料件。枪口部有安装空包弹射击用的螺纹，螺纹上装有保护衬套。枪托用钢管制成，向前折叠后正好位于机匣下方。该枪是通过将拉机柄推入机柄槽内的缺口，实现简易保险的，这种保险机构可将枪机挂在后方位置，但动作不可靠，容易走火。后来，德国在 MP38 的基础上，研制出了 MP40 冲锋枪。

MP38 的改进型

自从波兰战役以后，为了进一步简化生产工艺，提高生产效率，德国军工企业根据

MP40值得一提的缺点主要是弹匣可靠性较差,在低温环境里容易失去弹性,造成子弹卡壳;另外前部缺少一个隔热的护手,长时间射击以后士兵的左手会被灼伤。总的来说,德军士兵对MP40还是相当满意的,只是显得太过紧俏,因此MP40最终败给了苏联的"波波沙"。

兵器解密

实战的经验,在1940年对MP38冲锋枪进行改进,使它造价更低,工时更少,安全性更高。这个改进的型号就是大名鼎鼎的MP40冲锋枪。

MP40用大量冲压、焊接工艺的零件代替MP38的机加工工艺的零件,降低了成本;标准化的零件在各工厂分头生产,在总装厂统一装配,这样就容易大批量生产,甚至一些非军工企业也能分包生产零部件,具有良好的加工经济性和零件互换性。因此,在1940—1945年间,德国生产了大量的MP40冲锋枪。手持MP40的士兵,后来成为第二次世界大战中的德国军人的象征。

青出于蓝而胜于蓝

MP40冲锋枪,具有现代冲锋武器的几个最显著的特点。除了制造的简单性和造价低廉外,MP40的射击的稳定性和精度都比较高。由于后坐力很小,MP40在有效射程内的射击非常精确,在持续射击中的精度更是无人能比。一把连续射击中的苏联波波沙和英国司登都是很难控制,而任何一个德国新兵都可以控制住猛烈射击中的MP40。

兵器简史

早在1936年,德国额厄尔玛兵工厂就研究出了一种冲锋枪,1938年应德国陆军总部要求进行改进生产,正式装备,命名为MP38冲锋枪,这种枪的诞生,是为了满足德国装甲兵和伞兵部队对近距离突击作战的自动武器的需求而列装陆军。MP38式冲锋枪是世界上第一支成功地使用折叠式枪托和采用钢材与塑料制成的冲锋枪。

在影片《桥》中,游击队员们人手一把MP40,其中包括少年和女游击队员。少年和女人虽然并没有什么战斗经验,臂力又较弱,但是她们也可以很好控制住持续射击的MP40,在实战中消灭了许多德国士兵。

短小的枪身

MP40的枪身折叠以后,仅长62厘米,比各国的固定枪托武器都要短20厘米以上。非常适合于装甲兵、伞兵和山地部队的使用,尤其是在狭窄的车厢和飞机的机舱里。对于伞兵来说,MP40短小精悍,火力猛烈,非常适合伞降使用。早期在西线一系列的空降作战,包括空袭比利时的要塞,突袭荷兰,大规模空降克里特岛,MP40帮助德国的伞兵部队完成一个又一个不可能完成的任务,他们密集短促的火力往往可以压制数量占绝对优势的盟军士兵。

跟德军其他的许多武器一样,MP38/40具有划时代的意义,其设计理念还深深地影响了美国的M3冲锋枪、苏联的"波波沙"以及英国的"司登"等。

> PPSh43 冲锋枪是 PPSh41 的改进型
> 波波沙冲锋枪是"二战"名枪之一

兵器知识

波波沙冲锋枪 >>>

提起苏联的步枪,人们首先想起的是 AK 系列。在越南战争中,美军士兵宁愿扔掉手中的 M16,也要使用越军装备的 AK-47。然而在 AK 系列之前,同样有一种性能出色的枪械——波波沙冲锋枪。波波沙冲锋枪即 PPSh417.62 毫米冲锋枪,是苏联军械设计师沙普金设计的一款冲锋枪,它在第二次世界大战中屡建奇功。

不同的叫法

在不同的国家,对于冲锋枪有不同的叫法。德国人使用 Machine Pistol(字面:机关手枪),所以德军采用的冲锋枪都冠以"MP"的编号,例如第二次世界大战时著名的 MP-38/40,现在流行的警用冲锋枪 MP-5,就连战后德军采用的以色列 UZI 冲锋枪在德军内的正式名称也为 MP-2。

俄国人对冲锋枪的叫法是Пистолет-пулемёт(相对于英文是 pistolet-pulemyot),前一个单词是手枪,后一个单词是机枪,这种叫法和德国人的叫法是类似的,所以俄国人的冲锋枪编号一般都以ПП(英文 PP)作为编号的开头。

战争的需要

用传统的眼光看,由于冲锋枪的有效射程短,枪管寿命低,射击精度差,消耗子弹多等与生俱来的缺点,在其诞生的前 20 年,一直处于军事上领先地位又是冲锋枪诞生地的西方,却少有将其列为制式武器的。

直到到了第一次世界大战时,世

● PPSh-41,是前苏联在二战期间制造的冲锋枪。它是前苏联在二战期间生产数量最多的武器。

🔊 1942 年，一名德国士兵拿着 PPSh-41 在斯大林格勒的废墟中。

界数百万人在欧洲战场进行极为残酷的战壕战。于是，世界各国对于战争进攻的武器的研发使用工作，也进入到紧锣密鼓的状态中。其中以战场上的意大利 M1915 冲锋枪、德国 MP18 冲锋枪等最为有名。

而苏联直至于 1939 年的苏芬战争中，芬兰利用精良的苏米冲锋枪重创了使用人海战术的苏联部队，他们这才领略到冲锋枪的重要性。

战后的苏联高层通过对军队战术和战略上进行的反思，作出了一定要在军队中大量装备冲锋枪的最终结论。

波波沙冲锋枪的诞生

在第二次世界大战初期，德军的进攻势如破竹，苏联大部分的兵工厂被摧毁，而前线却迫切需要大量的武器装备，尤其是需求量最大的步枪和冲锋枪。在这种情况下，只有生产"最简单的结构、最经济的设计、最优良的火力"的冲锋枪才是上上之举。

苏联军械设计师沙普金就是在这种理念下设计出了冲锋枪。那时候，制造工艺在精密加工、铸造、热处理和冷淬等方面的快速进步使传统的生产方法已经被废弃了。

运用一些新的生产工艺，沙普金于 1940 年 9 月设计出一种新型冲锋枪。经过两个月的试验和与 PPD 冲锋枪的竞争，沙普金设计的武器最终获胜。

1940 年 12 月 21 日，苏联国防委员会正式采用了沙普金设计的冲锋枪，命名为 "PPSh41 冲锋枪"，汉译为"波波沙冲锋枪"。

波波沙冲锋枪的特点

波波沙冲锋枪大部分零部件都采用钢板冲压、焊接、铆接制成，与早期的 PPD 系列冲锋枪相比，具有结构简单、加工工艺好、易于大量制造、火力猛烈的特点。

其操作直接由气体推动来完成，利用子弹发射时的燃气来完成击发、退膛抛壳、上弹复进、击发……周而复始，直到把弹匣中的子弹都发射完为止。

该枪采用自由枪机式自动原理，开膛待击，可选择单、连发发射，可用 35 发弹匣和 71 发弹鼓供弹。波波沙冲锋枪全枪长为 828 毫米，枪管长 265 毫米；全枪质量 5.4 千克，空枪质量 3.64 千克，发射 7.62 毫米托卡列夫手枪弹或 7.63 毫米毛瑟手枪弹，弹头初速 488 米/秒，理论射速 900 发/分。

波波沙冲锋枪高达每分钟 900 发的射速使得在射程内的目标完全没有生还逃脱的机会。这一点，在短兵相接的近战中显得

◀◀ 兵器简史 ▶▶

在经历苏芬战争后，新的 PPD 型号被迅速开发出来，这就是 PPD40。1941 年苏德战争爆发，红军很快发现 PPD40 并不适合战时快速生产，于是，其很就被更有效、更便宜的 PPSh41（波波沙）代替。在整个第二次世界大战期间，PPSh41 不停地被制造，直到战争结束时，约有 500 万支 PPSh41 装备苏联军队。

尤为重要。

而配备71发的弹鼓使得波波沙冲锋枪具有极其优良的持续火力，在实际的战斗中，波波沙冲锋枪可以在5秒内把弹鼓中的71发弹发射出去。

由于其操作极其简单，即使是新兵也能很快地掌握。

简单的制造流程

波波沙冲锋枪有早期型和标准型两种枪型，两种枪的主要区别是表尺的形状、射程和分划不同。

波波沙冲锋枪早期型采用弧形表尺，射程50—500米，分划为50米；波波沙冲锋枪标准型采用U形缺口照门，L形翻转表尺，射程200米，分划100米。

由于波波沙冲锋枪的结构简单，大部分零件如机匣，主要部件构造简单、制造速度快，之后只需进行粗加工，比如焊接、铆接、穿销连接和简单的组装，一支波波沙冲锋枪就完成了。

波波沙的整个制造工艺非常简单，没有什么难以掌握的技术，而且由于冲压技术的采用对于材料的使用也非常节省，造价低廉，制造速度也很快，制造流程也可以轻松操作。

如同"二战"后期，由于前线巨大的伤亡，苏联兵工厂车间里的老人，妇女和孩子，仍然能够保持高速度的生产，足可以见到波波沙的易于生产的出色特性。

人手一支波波沙

波波沙冲锋枪的诞生距苏联卫国战争的开始仅仅只有6个月。自从日本偷袭美国珍珠港之后，美国宣布参战，汤普森冲锋枪以其强大的火力被军方看重，得到了大量的装备。至此，美军的汤普森和苏军的波波沙开始在第二次世界大战战场上并肩作战，分别在东线和西线两个战场上冲锋陷阵。

在东线德军猛烈的攻势面前，苏军士兵凭借手中的武器筑起了坚固的防线，在1942年的斯大林格勒保卫战中，波波沙得到了冲锋枪史上前所未有的大面积配备，几乎到了人手一支的地步。

也正是在这次战役中，波波沙冲锋枪这种看似简单粗糙的短兵利器，在近战中的优势得到了淋漓尽致的表现。

将MP38/40打败

当时，德军制式的MP38/40冲锋枪同波波沙相比，尽管其准确性较高，但过于精密的结构使得MP38/40完全不适应俄国严寒的气候，枪栓经常被冻住打不响，不少德军士兵因此而丧命。因此，前线的德军士兵都千方百计地找寻波波沙及其弹药，而且波波沙的71发弹药量比MP38/40的32发大了

波波沙41冲锋枪（PPSh41）是前苏联在"二战"期间生产数量最多的武器

PPD（波波德）冲锋枪是苏联著名轻武器设计师杰格佳廖夫于1934年设计的。1935年，该枪正式被红军采用并命名为PPD34。PPD34的设计主要参照了德国MP28Ⅱ冲锋枪，并无特别之处。所有型号的PPD冲锋枪均为气体反冲式原理，开膛待机，该枪可以半自动或全自动射击。

兵器解密

⬆ 波波沙的71发大弹鼓。波波沙装填71发弹时弹鼓容易卡壳，而35发弹匣解决了这一问题。

整整2倍还多。

由于波波沙拥有如此优良的性能，德国方面也把缴获的波波沙改装成发射德军制式的9毫米×19毫米巴拉贝鲁姆手枪弹，但是弹药量仅为32发。

最终，苏军打退了德军的进攻，逆转了整个战局，由防御战转为进攻战。波波沙冲锋枪作为苏军的基本步兵武器，与手榴弹和狙击步枪一起，被称为斯大林格勒战役胜利的三大法宝。

冲锋枪中的极品

在第二次世界大战的战场上，真正引领战斗的冲锋枪的霸主毫无疑问是苏联的波波沙。苏联的波波沙冲锋枪在整个"二战"期间及其后期，也可算是最经济、实用和最有效的武器。

正是这种武器自身所具有的制造简单、射速高、火力旺盛的特点，使它也成为了苏

联卫国战争和朝鲜战争的重大功臣，当之无愧为苏联战场上冲锋机枪中的极品，以至于直到今天，波波沙冲锋枪也是俄罗斯人心目中的经典。

而苏联拥有波波沙这样精良的武器，让苏联人成为了"二战"中最为精明的武器制造家。

第二次世界大战结束后，PPSh41的生命并没有因此而结束，它和PPSh43一起成为整个社会主义阵营的标准装备。在抗美援朝战争当中，志愿军就是凭借着波波沙把装备优良的美军击败的！

在仿制中获得新生

但波波沙冲锋枪的优点和缺点都在于使用弹鼓供弹。其优点是携弹量大，达71发，可以提供比较强的火力持续能力和火力密度，在战斗中不容易出现火力中断。

而缺点则是使用弹鼓供弹重过大，容易造成射手疲劳。同时，圆形弹鼓握持很不舒适，也影响武器的携行性能。另外，弹鼓再装填非常麻烦，而且容易出现机械故障，影响正常供弹。

与弹匣供弹相比，冲锋枪采用弹鼓供弹缺点非常明显，各国装备的基本上都采用弹匣供弹作为冲锋枪的主要供弹方式，以美国为例，其汤普森冲锋枪原设计就是弹鼓供弹，而美军列装时，全部采用弹匣供弹。我军仿苏的50式冲锋枪采用弹匣供弹，也是出于这一考虑。

伯莱塔冲锋枪 >>>

伯莱塔公司是意大利的一家知名企业,该公司生产的某些型号的手枪也称"伯莱塔"。其实,该公司是一家综合性的枪械厂商,不仅生产手枪,也生产冲锋枪、军用步枪、运动步枪和猎枪。在伯莱塔公司生产的冲锋枪中,9毫米的12型冲锋枪经常被简称为M12或PM12,该枪结构紧凑、操作简单、性能可靠,是伯莱塔引以为豪的冲锋枪。

↑ 伯莱塔冲锋枪

M38式冲锋枪

冲锋枪的鼻祖就出自意大利。1915年,意大利轻武器设计师维列里设计出一种发射手枪弹的高射速双管武器,由帕洛沙兵工厂制造,这便是帕洛沙M1915式连发枪。维列里设想用新枪填补机枪和步枪之间的空白,但战场反馈令人失望,说它是机枪威力太小,说它是步枪又太笨重,不适合单兵使用。于是,意军很快将其撤编,打入冷宫。

伯莱塔公司的老板和设计师们从帕洛沙M1915式的遭遇中感受到意大利形象受

到伤害,决心研制新冲锋枪来改掉不足,几经努力终于在1938年推出M38式冲锋枪。M38性能十分可靠,不单意军士兵喜欢,德军也乐于使用。M38与德国MP38齐名,成为"二战"中著名的冲锋枪。

伯莱塔的至宝

继M38式冲锋枪之后,伯莱塔公司又在1958年研制出了9毫米M12冲锋枪。这种冲锋枪结构独特,结构上已简单到突击步枪难以达到的简化程度,采用游底后坐反冲式设计,枪身可大大缩短。M12全长仅418毫米,相当于手掌心至肘关节的长度,便于隐蔽携带。它特别适合在狭窄空间使用,是巷战、丛林战、壕沟战和车内射击的利器。其套入式枪机设计是独一无二的。它的镂空的圆筒状枪机向前包络住枪管的大部分,能在枪管上滑动,这样,既可缩短枪身,又使枪身重心前移并靠近枪管轴心,因之减轻了枪口上跳,也有利于提高连发精度。伯莱塔公司美国分部管理者称M12是伯莱塔的至宝。

伯莱塔M12的枪机从三个方向包住枪管后半部，击针固定在枪机面上，只有在枪弹完全进入枪膛时才能打击底火，避免意外走火，由于采用开膛待击，因此射击前枪机保持打开状态，扣下扳机后才向前复进并推弹上膛，因此，这种工作方式又被称为前冲击发。

兵器解密

并不显赫

伯莱塔M12在1961年被意大利政府正式采用，刚开始时首先装备特种部队，而普通步兵仍使用旧的伯莱塔M38/49 9毫米冲锋枪，但很快伯莱塔M12就成为意大利陆军的制式装备，随后意大利的宪兵部队等执法机构也开始使用，伯莱塔M12冲锋枪还被黎巴嫩、巴西、加蓬、利比亚、尼日利亚、苏丹、沙特阿拉伯、委内瑞拉等国购买使用，巴西还获得特许生产权。

虽然伯莱塔M12冲锋枪本身并没有独创的革命性设计，但出众的性能、低廉的价格与可靠的操作，在世界军火市场仍占有一席之地，有些使用过此枪的人都赞扬它容易控制、自然指向性好，而且结构紧凑、维护简单。

但不知为何，在伯莱塔人眼中被视为至

宝的M12，也许是因为外形老土或者因为市场宣传不力，这个优秀之作却被湮没在同为第3代冲锋枪之中的MP5和UZI的名气之中，远不如后两者那么声名显赫。

M12的改进型

在M12的基础上，伯莱塔研制出了M12的改进型M12 S。其主要的改进是，将快慢机与保险机合二为一，改成手柄式。在扳机机构内增装一个新式击发阻铁装置，用以消除偶尔出现的本想打单发却打了连发的现象。原在机匣后盖的固定卡笋移到了机匣尾部上方，方便了抓握和解脱。枪表面由磷化处理改为涂敷环氧树脂，增强了耐磨损性和抗腐蚀性。改进了的M12 S仍能跻身世界著名冲锋枪的前列。

意大利陆军是M12的主要用户

> 迷你乌兹具半自动或全自动射击模式
> 微型乌兹的枪托折叠时只有250毫米

乌兹冲锋枪 >>>

在以色列，乌兹微型冲锋枪被士兵自豪地称为"沙漠杀手"。该枪结构紧凑，性能可靠，尤其能够适应中东沙漠地区作战环境。经过中东战争的多次考验，其优良性能已经远近闻名，是举世公认的最可靠的冲锋枪。今天，乌兹冲锋枪已经遍布全世界，除作为以色列的制式冲锋枪外，美、英、德、比等国的特种部队都采用了它。

精心研制的冲锋枪

1948年，以色列军队正式组建，而士兵们使用的武器五花八门，其产地有来自德国的，有意大利的，有奥地利的，这让初次使用新式武器的士兵们感到非常头疼。至于武器的保养维修等问题也让军队头疼不已。于是以色列的陆军中尉乌兹·加尔决定制造一支可靠、轻巧、制造简单的冲锋枪。在设计之初，乌兹·盖尔参考了著名的捷克9毫米M23型和7.62毫米M24型冲锋枪，最后终于制作出了第一把他心目中的冲锋枪。

1951年乌兹冲锋枪研制成功，新型冲锋枪特别命名为乌兹，以表彰乌兹·盖尔的功劳，并迅速配发以色列三军。在历次的以阿战争中，乌兹冲锋枪皆发挥了极强的威力。

博采众长

乌兹冲锋枪的出现，对其他型号的冲锋枪都造成了不小的冲击，并立即受到欧洲各国的瞩目，比利时FN兵器公司获得了以色

🔺 乌兹冲锋枪以其卓越的性能赢得了世人的赞叹

列授权生产乌兹冲锋枪，并负责欧洲市场的销售，中亚的伊朗、中美的委内瑞拉、东南亚各国也采用该枪。

作为最具有现代冲锋枪特征的乌兹冲锋枪，其兼收并蓄了其他许多冲锋枪的设计特点：采用自由枪机原理，开膛式击发，即枪机复进前冲。不仅结构简单，而且击发瞬间枪机的侵性可以抵消一部分后坐冲力，使枪机重量比静止击发的自由枪机减轻许多。它的自动机结构颇具匠心：枪机前端有一凹槽，能够包络住枪管尾端约95毫米，基本上是枪管长的1/3，虽全枪较短，而枪管仍保持一定长度。这种"节套"式枪机也使武器重

乌兹冲锋枪的枪机由方形钢铣削而成，机匣、瞄具等部分广泛采用冲压和焊接工艺，握把、护木也使用抗热性能良好的塑料材料。初期标准型是采用木质前护木与木质固定枪托，并配有刺刀以便行肉搏战，后来才发展出折叠式金属枪托并换装塑料质前护木。

兵器解密

心上移，利于射击稳定。

以可靠性和安全性取胜

乌兹冲锋枪之所以受到世界各国的青睐，最重要的一个原因是它的可靠性和安全性都非常好。乌兹冲锋枪的机匣两侧加工了几条长凹棱，不仅增强了机匣强度、减小了活动件与机匣的接触面，保证武器在恶劣环境下的可靠性，具有良好的抗风沙、抗污垢性能。即便是将它放进水里，埋在沙下，甚至扔下悬崖，它依然完好无损。乌兹冲锋枪还具有良好的平衡性，无论是举在肩膀前射击还是腰部射击，它都非常舒适。

另外，乌兹冲锋枪也算得上是一支最安全的冲锋枪，它有三道保险机构：第一道是快慢机手动保险，其上有连发、单发和保险三个位置；第二道是握把保险，只有手握握把，压下握把背部的保险锁，才能解脱保险，以防止武器失落走火；第三道是拉机柄保险。

营救人质的利器

目前，普通乌兹冲锋枪都配有用于特种作战的消音器。在反恐、营救人质等特殊战斗中，"乌兹"冲锋枪是特种队员得心应手的武器。在 1976 年，以色列 36 名突击队员远赴乌干达营救人质。随着突击队员用希伯来语喊了一声"卧倒"，所有以色列人质都听懂了这只有他们才能听懂的命令，赶紧趴在地上。一幅奇妙的画面出现了：夹杂在人质中的恐怖分子顿时像海潮退尽时的礁石，裸露在以色列突击队员的枪口前。36 支"乌兹"冲锋枪以极高的射速喷吐出火舌，稠密的火网吞没了一切，战斗只持续了 45 秒钟便告结束，恐怖分子全部死在"乌兹"枪口之下，突击队员无一伤亡。

正因为如此，外形精致的"乌兹"冲锋枪成了好莱坞电影中的常客，在 007 影片和《黑客帝国》中都有出现。

↑ 乌兹冲锋枪

步枪家族

　　林林总总的枪械家族总让人目不暇接，而步枪则在血与火的洗礼中更加耀眼。在战争风云中，每一支步枪都记载着一段历史。无论是普通步枪、突击步枪、狙击步枪、比赛步枪，还是当今世界各国现装备的和新研制的现代步枪，它们都是在人们的改进中更加完美和完善的。因此也产生了许多跨越时代的经典之作。如武器之王AK-47突击步枪、战火中的铁血王者M16突击步枪……

> 毛瑟98k是毛瑟98式步枪的改进型
> 毛瑟式枪机的拉壳钩非常独特

毛瑟步枪 >>>

在 第一、第二次世界大战期间,最为出名的枪支就当属毛瑟系列了。其中,毛瑟步枪更是成为战场上耳熟能详的装备。由于毛瑟式枪机的设计极为经典,它对后来的旋转后拉式枪机的设计产生了巨大的影响,几乎成为衡量任意一种旋转后拉枪机的公认标准,那时候,有许多其他国家都生产过毛瑟步枪的仿制品。

毛瑟兄弟和毛瑟步枪

谈及毛瑟步枪的历史,我们可以追溯到1811年在德国一个小镇上建立的皇家兵工厂。当时,威廉·毛瑟和彼得·保罗·毛瑟兄弟自幼就跟随父亲在这个兵工厂当学徒。

在这里,兄弟俩不仅努力工作,还善于研究和设计机械,他们在1867年以法国的后装枪为基础,设计了一种旋转式闭锁枪机的后装单发枪。这种步枪首创了凸轮式自动待击、机头闭锁、弹性拉壳钩、手动保险等新原理和新结构,使枪的安全性大大提高。这项技术后来在1871年被德国军队采

用,并命名为71式步枪,这也是第一支毛瑟步枪。如今,我们在战争类的电影或电视节目中仍然可以看到一些老式步枪,射手向后拉机柄,退出弹壳,推入子弹,然后将机柄转动90°左右往前一推,将子弹退入了枪膛、闭锁。这些经典的动作就是毛瑟步枪所开创的,人们将这一系列动作称作直动式或者前推后拉式。

层出不穷

在皇家兵工厂,毛瑟兄弟积累了大量的实践经验,并且逐渐掌握了精湛的技术和敏锐的商业判断力。1872年,毛瑟兄弟创办了毛瑟武器制造厂,开始了与普鲁士的长期合作。

自从1882年威廉·毛瑟去世了后,保罗·毛瑟继续在轻武器的设计方面进行研究。为了提高71式步枪的射速,保罗·毛瑟在枪管下方增设了一个管状弹仓,这种改进型后来被命名为71/84式步枪。

无烟火药发明之后,毛瑟很快推出了毛瑟1889和毛瑟1891式步枪。其后,保罗·

🎧 在枪械史上留下大名的毛瑟兄弟

毛瑟 1898K 式步枪口径 7.92 毫米,弹头初速 745 米/秒,有效射程 600 米,由 5 发固定弹仓供弹,枪长 1103 毫米,枪重 3.89 千克。相对于其他的武器装备而言,毛瑟步枪射击准确性能较好,成为中国志愿军狙击手们最为喜欢的武器。

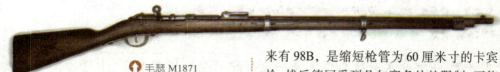

🔊 毛瑟 M1871

毛瑟又设计了一种不随枪机旋转的拉壳钩,提供了供弹可靠性,并推出了毛瑟 1892 式步枪;在次年推出的毛瑟 1893 式步枪又把单排弹仓改为双排弹仓,使弹仓长度缩短。在政府的支持下,毛瑟步枪很快就在全世界流行起来。

毛瑟 98 式步枪

此后,毛瑟公司还生产过菲得勒兄弟设计的驳壳枪,也就是我们所说的盒子炮。但真正让毛瑟枪家喻户晓的型号还是他们的 98 式步枪。

毛瑟 98 式步枪不仅是第一次世界大战中德国的制式武器,也是第二次世界大战中德军大量使用的步枪之一。德国早在 1898 年便采用毛瑟 98 式步枪,融合了第一次大战的实战经验,并加以改进,首先有 98A,后

来有 98B,是缩短枪管为 60 厘米寸的卡宾枪。战后德国受到凡尔赛条约的限制,不能制造或出口军用武器。但是德国仍利用西班牙内战及与瑞士等国家兵工厂合作的机会,继续研发。

仿制毛瑟步枪

毛瑟步枪在战斗中发挥了出色的战斗效能,因此从 19 世纪 70 年代至 20 世纪 60 年代的 100 年间,世界上有数十个国家的军队、警察和准军事单位及个人使用过毛瑟步枪。许多国家在进口毛瑟步枪的同时,开始大量仿制各类毛瑟步枪。我国也是最早采用和仿制毛瑟步枪的国家之一。早在 1885 年的中法广西镇南关之战中,冯子才的部队就使用过 1871 年式毛瑟步枪。

我国仿制毛瑟步枪始于 19 世纪 80 年代初。直到今天,还可以从旧武器库里找出不少杂牌毛瑟步枪。

🔼 第一次世界大战期间,使用毛瑟步枪的德国士兵在沟壕据守,与法军对峙。

◀◀ 兵器简史 ▶▶

毛瑟兄弟在 1867 年研发了一种旋转式闭锁枪机的后装单发步枪,这种步枪于 1871 年被采用成为标准的制式步枪,并命名为 1871 式步枪,这是历史上第一种毛瑟步枪。经过不断完善,毛瑟步枪的改进型有 98A、98B、Kar98k 等。随着半自动步枪、自动步枪以及新型弹药的出现,98 式步枪逐渐被替代。

> No.4 步枪前托的延伸位置比较短
> No.4 步枪使用的是锥形刺刀

恩菲尔德系列步枪 >>>

第一次世界大战几乎也是一次早期的步枪军备竞赛。步枪作为步兵进攻和防守的主要武器备受各国军方重视,每一个参战国家都对己方士兵所使用的步枪进行了严格筛选,此时的步枪就像是战国时期的文化,百家争鸣,百花齐放。德军使用的 G98 式步枪在第一次世界大战中的对手众多,而其中首当其冲的便是英国的恩菲尔德步枪。

以小镇冠名

对于许多军事迷来说,英国恩菲尔德步枪的名气或许比不上德国的毛瑟 98K 和美国的加兰德步枪,但它却是 20 世纪英国陆军最为重要的单兵武器。

说起恩菲尔德步枪,我们不得不提到恩菲尔德镇。它位于英国伦敦的北郊,英国政府于 1804 年在那里建立了一家兵工厂,最初的恩菲尔德兵工厂只是负责组装一种燧发枪,后来发展成设施完善具有研发能力的轻武器研究和生产厂。虽然英国皇家兵工厂拥有很多轻武器工厂,但恩菲尔德是主要的研发中心,在那里研制的步枪被冠以恩菲尔德步枪的名称。在第二次世界大战期间,No.1、No.3 和 No.4 这几种系列的恩菲尔德步枪一直是大不列颠及其他英联邦国家军队中轻武器的基本装备。

改变了膛线的步枪

早在 1888 年 12 月,英国军队就正式采用了李梅特福弹匣式步枪,或简称为 MLM 步枪。这种步枪的特点,是使用了 10 发装的双排可拆卸式弹匣,配备这样的弹匣目的是为了便于维护或损坏时更换。这种步枪不仅弹匣的容量比同时代的其他步枪多了一倍,而且子弹装填速度很快,这些优点使得李氏步枪成为同时

恩菲尔德系列步枪的比较。李恩菲尔德弹匣式短步枪 Mk I,李恩菲尔德弹匣式短步枪 Mk III 和 III 以及李恩菲尔德弹匣式短步枪 Mk II。

No.4是在原来的No.1步枪基础上进行改进的。其仍然采用传统李氏步枪的系统，但主要部件由原来的六十多个减少到不足五十多个，又改用了比较厚的重型枪管，机匣和枪机也更结实更牢固，另9bNo.4步枪也采用了英国的新标准螺丝，几乎全部与No.1步枪上的螺纹不通用。

兵器解密

代中射速最快的步枪。

但是，它之所以没有成为第一次世界大战英军的制式装备，是因为它采用的梅特福浅阴线作为枪管内的膛线，只适合使用黑火药为主的弹药。在步枪弹的发射药由黑火药换成无烟火药后，就不再适合MLM步枪使用了。为此，这种步枪的膛线改为了5条较深的左旋膛线，这个膛线被称作恩菲尔德膛线，是由恩菲尔德兵工厂的工程师设计的。于是，在1895年11月，这种改变了膛线的步枪被赋予了新的名字"李恩菲尔德弹匣式步枪"，或者简称为MLE步枪。

步枪与步枪的对决

在李恩菲尔德弹匣式步枪的基础上，有一种长度只有1130毫米的短步枪，通常简称李恩菲尔德短步枪。该枪是恩菲尔德兵工厂在1903年推出的系列步枪，拥有令人满意的射击精度，可靠的结构设计以及手动枪机时代最凶猛的火力水平。

在这场手动枪机战斗步枪的最经典的对决中，我们所熟知的毛瑟步枪被李恩菲尔

在第一次世界大战中的堑壕战中，李恩菲尔德弹匣式步枪迅猛的火力给敌人留下深刻的印象。

德彻底压倒。在1914年的蒙斯战役中，12000名英国步兵用他们的李恩菲尔德短步枪在半个小时内就彻底打垮了将近40000配备了毛瑟步枪的德国兵的进攻。而这一切则源于李恩菲尔德短步枪大容量的弹匣和无与伦比的射击速度。

最快的半自动手枪

"一战"结束后，英国军方对李恩菲尔德短步枪做了一些改进。恩菲尔德兵工厂在1922年和在1926年分别定型出No.1Mk.V步枪和No.1Mk.VI步枪。在1931年对No.1Mk.VI稍加改进后重新定型为No.4Mk.I，"二战"爆发后，英军正式采用No.4 Mk.I作为新的制式步枪。"二战"期间，采用后端闭锁枪机的No.1和No.4步枪的枪机操作速更快，而且由于弹匣容量比同类步枪多了一倍，使No.1和No.4步枪成为"二战"中实际射速最快的半自动步枪之一。

兵器简史

布尔战争后，英国人经过反复研究，在1903年推出了李恩菲尔德短步枪。除了一些改进外，更重要的是首创了"短步枪"概念。当时，世界各国普遍为步兵配发长步枪，为骑、炮兵和其他部队配发卡宾枪。而英国人却决定只用一种"中间"尺寸步枪（长度介于长步枪与卡宾枪之间）同时满足两种用途。

兵器知识

> M99 狙击步枪采用多齿钢性闭锁结构
> M99 使用的是大口径勃朗宁机枪弹

狙击步枪 >>>

在狙击战不断的演变中,涌现出了品种繁多,而且各具特色的狙击步枪。狙击步枪使用效率十分高,可以说是一枪毙命。在 600 米距离上,狙击步枪对人胸目标的杀伤概率高达 80% 以上;在步兵作战距离(200—400 米),对人胸目标的杀伤概率达 95% 以上,几乎百发百中。它做到了真正的一发制敌。

战场上的狙击枪

狙击步枪是一种特制的高精度步枪,一般只能单发,配有高精确度的光学瞄准镜或夜视瞄准装置,有的还带有两脚架装备狙击手,用于杀伤 400—1000 米内的重要有生目标,如指挥官、联络员、侦察兵等。大口径狙击步枪主要用于对付技术装备一类的目标,如摧毁敌观察、搜索和指挥等仪器及支援火器,还可用来打击装甲运兵车、直升机和飞机,摧毁油库、弹药库、地雷和水面浮雷等,所以有人也称其为反装备步枪。

自从狙击步枪发明后,狙击枪手用这种枪在战场上创造了一个个奇迹。有的狙击手甚至用手中的狙击枪打死敌方最高指挥官,从而使战局发生了有利于己方的变化,为获得战斗的最终胜利发挥了极大作用。从此,狙击行动在欧洲战场广泛出现,并不断波及全世界。

⊃ 狙击步枪使用效率十分高。在步兵作战距离(200—400 米)对人胸目标的杀伤概率达 95% 以上,几乎百发百中。

狙击枪 PSG-1

说到狙击枪,有一个出镜率极高的狙击枪 PSG-1。在当今社会,无论是在影视剧还是在网络游戏中,狙击场面中总会看到它的身影。其生产厂家是德国著名的 HK 公司。

PSG 在德语里的意思就是"精确射击步枪"。而 PSG-1 也的确是世界上最精确的半自动步枪,在 300 米的距离上它保证可以把 50 发子弹全部打进一个棒球大的圆心。但是,这把枪的价格也是不菲的。PSG-1 的枪膛是 4 条膛线的多角型膛壁,弹头和枪管壁的摩擦减到最少,加上 650 毫米长的枪

MSG90狙击步枪和PSG-1有些相似，但是MSG90为减轻重量，采用了直径较小重量较轻的枪管，在枪管前端接一个直径22.5毫米的套管，看上去好像一个枪口制退器，但套管没有任何制退或消焰的作用，只是为了增加枪口的重量，在发射时抑制枪管振动。

兵器解密

管，会有较高的枪口初速，有利弹道平直的延伸。扳机可以调整，扣发压力只有1.5千克。枪托和贴腮片也可以调整，以配合射手的体型。另外它不使用一般的双脚架，而是用一个特别的三脚架以求精确。它的标准瞄准镜稍差，只有6倍功率。另外它还有一个特别装置让枪机上膛闭锁时不发出声响，增加隐蔽性。

MSG90

在狙击步枪中，MSG也是一种有名的枪械。MSG90和PSG-1有些相似，但是MSG90为减轻重量，采用了直径较小重量较轻的枪管，在枪管前端接一个直径22.5毫米的套管，看上去好像一个枪口制退器，但套管没有任何制退或消焰的作用，只是为了增加枪口的重量，在发射时抑制枪管振动。另外，由于套管的直径与PSG-1的枪管一样，所以MSG90可以安装PSG-1所用的消声器。MSG90的塑料枪托也比PSG-1的要轻，枪托的长度同样可调，贴腮板高低也可以调整，枪管和枪托是MSG90和PSG-1区

狙击步枪中著名的MSG90-A1

别的主要特征。和PSG-1一样，MSG90也可以选用两脚架或三脚架支撑射击，虽然三脚架更加稳定，但作为野战步枪，两脚架会比较适合。MSG更适合于军事行动使用，因此没有能够成为反恐部队的首选。

游戏玩家的至爱

以上所说的那还只是轻量级的狙击枪，在著名的游戏反恐精英（CS）中，游戏设计者就将重量级的狙击枪设计为AWP了，一时间成为众多游戏玩家所热衷的武器。AWP重6.5千克左右，有多种口径版本，通常军队使用的是北约7.62×51毫米口径弹，弹丸形状与全弹长度与俄式7.62×39毫米中间威力步枪弹不能通用。

如今处于和平时代，狙击枪在军队里的作用已不是那么明显了。但是，在警察队伍中，它又开始活跃起来，尤其是当恐怖活动开始出现后，狙击枪和狙击手几乎就是每次反恐怖行动中人们最期待出场的角色。

> **兵器简史**
>
> 最初的狙击枪并非专门制造，而是在普通步枪中挑选精度相对较高的来使用，并且最早的狙击步枪没有光学和其他辅助瞄准器具。一战时期，狙击手使用春田03、毛瑟98、恩菲尔德和莫辛纳甘狙击步枪；"二战"时期依然没有变化。到了20世纪80年代，专业的大口径狙击步枪正式出现。

> 最初的 M1 步枪有套筒式的枪口罩
> M1 步枪上曾增加了快慢机

兵器知识

M1 加兰德步枪 >>>

第二次世界大战中，无论是火力还是射程，它都堪称完美。美国著名的巴顿将军曾经评价它为"最了不起的武器"。在战场上，它曾经令德军闻风丧胆，也曾经使得日本士兵心惊胆战，这就是 M1 加兰德步枪。它是大批量生产和使用的第一种自动装填步枪。它的问世，标志着枪机手动式步枪时代的结束和自动步枪时代的到来。

天才枪械设计师

M1 加兰德步枪在第二次世界大战中大量成功使用，使美国人感到无比自豪。此枪在美军中装备了 21 年，到 1957 年才被替换。一直到 20 世纪 80 年代，相当一部分美国老兵仍然对加兰德步枪怀念不已。而该枪的发明是天才枪械设计师约翰·C·加兰德的一个成功之作。

↻ 天才枪械设计师加兰德与 M1 加兰德步枪

约翰·C·加兰德 1888 年 1 月 1 日出生于加拿大的一个小农场。从 1919 年 10 月至 1953 年在美国春田兵工厂从事武器研究和设计工作 34 年，先后设计发明了 54 种步枪及生产这些步枪的加工设备，其中最成功的便是 1935 年 10 月定型的 7.62 毫米 M1 半自动步枪，又称加兰德步枪。晚年，他把这些专利无偿地转让给美国政府，体现了设计师无私奉献的胸怀。

横空出世

而说起加兰德步枪的问世，我们不得不提到第一次世界大战。那时，美国人就曾经携带着 M1918 式勃朗宁自动步枪参加了战斗。当时使用的步枪后坐力大，精度差，而且重量大，对于远程作战的美军来说显得十分不便。战争结束后，美国国防部就开始着手研究一种更轻也更精准的半自动步枪。这个任务被枪械设计师加兰德所在的斯普林菲尔德兵工厂所接手了。

1929 年，由加兰德设计的样枪就交付了美国军方进行新式步枪的选型试验，通过

M1 加兰德步枪采用导气式自动原理，枪机回转闭锁方式。该枪在"二战"中经历了风雪、潮湿、海洋、高山地带、热带丛林和干燥沙漠环境条件的考验，可靠性好，射击精度高。然而 M1 加兰德步枪也存在着重量较大，8 发固定式弹仓容弹量太少等缺陷。

兵器解密

○ M1 步枪可靠性高，射击精度高，它被证明是一种可靠、耐用和有效的步枪。

一系列对比试验和不断改进之后，加兰德设计的自动装填步枪被选中。此后，又经过了进一步的改进，1936 年正式定型为"M1 式步枪"。出于惯例，一般总会在枪械的名称之后加上其设计者的姓氏，因此 M1 步枪也被称作是"M1 式加兰德步枪"。

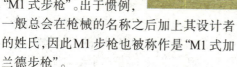

在战争中经受考验

到了 1937 年，加兰德步枪全面投产成为美军的制式装备。但 M1 加兰德步枪最先装备美军的速度很慢，产量也不高。只是随着第二次世界大战的爆发，军队才开始大量装备 M1 加兰德步枪。这种步枪成功地取代了美国陆军原装备的 M1903 春田步枪，伴随着美军冲杀于第二次世界大战的战火之中。

加兰德步枪的装备体现了美军一贯坚持的单兵武器火力压制战术，它的装备使美军成为第二次世界大战中自动武器普及率最高的军队。德国军队曾经用手中的 MP38 冲锋枪横行一时，但遇到美军的加兰德步枪后，其杀伤距离上占不到半点便宜。德国军队常常被美军远距离精确而密集的火力压制打得抬不起头，不能发起有效的进攻。

步枪与步枪的交锋

不仅是德国人见识到了 M1 加兰德步枪的实力，日本人也在 M1 加兰德步枪面前吃了不少亏。当时，日本军队所使用的主要是友坂 38 式步枪等单发步枪。相比较美军的 M1 加兰德步枪，日军的步枪不仅射速慢，而且威力弱。在植被茂密的太平洋岛屿上，美国大兵一旦发现日军隐藏的位置，就会毫不吝啬地将大批子弹通过 M1 加兰德步枪倾泻过去。很多隐藏在密林中的日军就是这样被乱枪射击夺去了生命。因此，M1 加兰德被认为是第二次世界大战中性能最佳的步枪。

◀▶ 兵器简史

1920 年加兰德在春田兵工厂开始设计半自动步枪。1929 年样枪送交阿伯丁试验场参加美国军方新式步枪选型试验，通过对比试验，1932 年加兰德设计的自动装填步枪被选中。经过进一步改进，1936 年正式定型命名为"M1 式步枪"，简称为 M1 步枪，一般加上设计师的姓氏而称为"M1 式加兰德步枪"。

兵器知识

> M14 步枪部分零件源自 M1 加兰德步枪
M14 步枪备有冬季用扳机、M6 刺刀等

M14 自动步枪 >>>

M14 自动步枪是加兰德在"二战"后以 M1 为基础而开发出的,1957 年投入使用,1968 年被撤装掉。M14 被取代并不能说明它的性能差,只是从现代战争的大环境而言,M14 却是一种过时的武器。不过,M14 依靠自身精度高和射程远的优势,却在狙击战场上找到了自己的"第二春"。美军后来以 M14 改装成半自动狙击步枪,在战斗中表现良好。

M14 步枪的问世

在第二次世界大战末期和战争结束以后,由于战争和美军装备的需要,天才枪械设计师加兰德和他的同事们对 M1 半自动步枪进行了多次改造,先后试制了共五十余种方案,但是这些型号的步枪均没能完全满足对新步枪的战术技术要求。

1954 年 9 月,新的改进型 T44E4 步枪诞生。1957 年 5 月 1 日,美国军械部长宣布采用 T44E4,定名为 7.62 毫米 M14 自动步枪。从美国实施《轻型步枪研究计划》开始,M14 步枪经历了长达 12 年的艰辛研制过程,用于 M14 步枪设计、研制、试验和改进的总投资达 635.2 万美元。M14 自动步枪的列装替代了当时 4 种现役步兵武器:M1 加兰德枪、7.62 毫米 M1－M3 卡宾枪、M3A1 冲锋枪以及 M1918A2 勃朗宁自动步枪。

水土不服

M14 自动步枪刚刚装备部队便立即在越南战场投入使用,在越南的丛林山区中,M14 的缺点暴露无遗。M14 全长 1120 毫米,带实弹匣时全重 4.54 千克,由于 7.62 毫米枪弹威力大,在全自动射击时后坐力非常大,射手不容易控制,射击精度很差。最不能忍受的是在越南战场上配发的 M14 都安装了快慢机锁,士兵只能半自动射击,在

🔴 M14E1 步枪是专门为高机动性的伞兵、重装兵而设计。

M14式7.62毫米步枪采用导气式原理,枪机回转闭锁方式。导气装置位于枪管下方。可选择半自动或全自动射击,比较特别的是一般被快慢机锁固定在半自动射击模式,转换全自动射击模式需要换装快慢机柄。使用7.62毫米×51毫米NATO标准步枪弹。

兵器解密

尽管M14步枪作为军用步枪不能算成功,但由于市场备有配件可供选择、便宜的价格及良好精度,在民用市场有很好的销路,多家工厂继续生产民用型M14步枪(M1A)出售。

AK47强大火力的压制下,使用M14的美军士兵苦不堪言。此外由于步枪和弹药都太重,通常在巡逻任务中的单兵携带的弹药量不超过100发子弹。因此,在越南战场上的美军迫切地需要一种新的步枪取代M14步枪。1962年美国国防部长麦克纳马拉下令M14立即停产,随后M16便匆匆忙忙地赶赴越南战场救火了。

生不逢时

除了在越战中水土不服外,M14自动步枪也可谓生不逢时了。M14步枪发射的枪弹在2000米处仍具有足以杀伤有生目标的能力,对现代步枪而言显然威力过大,导致M14步枪不仅在东南亚丛林中作战不方便,连机械化步兵也强烈反映携带M14步枪不利于乘坐装甲车,影响战场机动性。另外,

7.62毫米弹的冲量大,射击时后坐猛烈,士兵在连发时难以控制住枪,因而连发射击精度较差。

而在同一时期,苏联使用的步枪弹是介于手枪弹和大威力步枪弹之间的中间型枪弹,即口径不变,而弹头重、装药量和全弹尺寸有所减小。发射中间型枪弹的AK-47突击步枪的可靠性、机动性、勤务性和经济性好,自然胜过M14步枪。

今天的M14

当然,我们也不能完全抹杀M14步枪的优点。1969年美国军方根据M14的优点研制出M21狙击步枪,受到部队的欢迎。美军在2003年对阿富汗、伊拉克的战争中,重新启用了更多的配上两脚架和瞄准镜的M14,攻击开阔地的目标,提供远射程支援火力。经过现代化设计的M14步枪重新投产并装备军队。

今天,美国军方仍封存有至少17万支M14作为战略储备。

兵器简史

1958年,M14式步枪在斯普林菲尔德兵工厂正式投产。M14式步枪正式定型后又做了改进,并有M14E1式和M14E2式两种型号。但由于生不逢时,当它在越战中遇到AK-47步枪时,最终被M16自动步枪所取代。1963年1月23日,美国国防部命令终止采购M14式步枪,M14式枪停产。直至停产以前,该枪共生产了140万支。

兵器知识

AK-47 步枪的缺点是重量比较大。
AK-47 发射 7.62 毫米的中间型号子弹

AK-47 突击步枪

Ak-47 突击步枪由苏联著名枪械大师卡拉什尼科夫设计，是 20 世纪人类武装力量的象征之一，堪称步枪中的王者。AK—47 因为其性能可靠、使用方便、价格低廉而风靡世界，除苏联军队外，世界上有三十多个国家的军队装备了这种步枪，有的还进行了仿制或特许生产，AK 系列枪族对轻武器发展都产生了深远的影响。

AK-47 第二型突击步枪

AK-47 的命名

谈及卡拉什尼科夫发明的AK系列步枪，几乎无人不知无人不晓。尤其是 AK-47，从发明至今没有多大的改变，却依然是众多枪械中的佼佼者。

1947 年，卡拉什尼科夫设计的自动步枪被确定为苏联军队的制式装备，被命名为 AK-47 自动枪。

AK-47 的含义是这样的：俄文字母 A 代表自动枪，K是卡拉什尼科夫名字的第一个字母，47 表示 1947 年定型。本来，AK-47 理应属于突击步枪，但从苏联人的心理上推断，突击步枪是他们的死敌首创的，又是他们最恨的希特勒命名的，他们万万不能直接使用，所以将 AK-47 命名为自动枪，不过，几乎所有的西方国家都叫它突击步枪。

AK-47 的性能

AK-47 以火力猛烈、结构紧凑、动作可靠、故障率低、坚固耐用而著称，即使是在渡河或者沙地中摸爬滚打过后，这种枪仍能正常发射，这是当时其他枪械所望尘莫及的。

AK-47 枪可连发和单发射击，全自动射速 100 发 / 分，半自动射速 40 发 / 分，有效射程 300 米。该枪有固定枪托型和折叠枪托型两种，枪托折叠时枪长 645 毫米，固定枪托及折叠枪托打开时枪长 870 毫米，带空弹匣及附品重 4.3 千克，采用 30 发弹匣供弹，可以半自动射击和全自动射击，初速 710

在1949年正式投入生产的AK-47突击步枪，是为机械化步兵研制的，同一年苏联军队正式采用AK-47。这种型号并没有刺刀，机匣和许多配件是用冲压工艺来生产的。许多人把这种早期的AK-47称之为"第1型"，以区分后来生产的AK-47。

米/秒。

AK-47采用的自动方式是活塞长行程导气式，闭锁方式为刚性闭锁的枪机回转式，采用活塞长行程导气式的武器是靠射击时发射药燃烧生成的高压、高温气体，经导气孔流至导气室推动活塞，再由活塞传动枪机框，带动枪机完成一系列动作。这种自动动作并不是卡拉什尼科夫首创，但他将这套机构和其他各种机构安排得非常合理，使枪的机体正常平稳，动作可靠。

为战争而生

在二战后的一些中、小规模的军事冲突中，AK-47曾被不少国家的军队当作步兵的主战武器而驰骋于战场，例如朝鲜战争、越南战争以及海湾战争都曾听到AK-47那

兵器简史

1946年，卡拉什尼科夫在半自动卡宾枪的基础上设计出一种全自动步枪AK-46。不久，前苏联国防部内定AK-46为陆军制式步枪，并将该步枪正式定名为AK-47。1947年，AK-47步枪被定为前苏联军队的制式装备。从1949年开始，AK-47正式大规模装备苏军，除了前苏联大量生产以外，其他一些国家也对AK-47突击步枪进行了大量的仿制。

清脆的枪声。按照美国轻武器评论家伊泽尔博士的统计，AK系列步枪是世界上生产量最多的一种步枪。世界上有六十多个国家采用AK-47突击步枪。

尴尬的抉择

由于AK系列步枪是世界上生产量最多的一种步枪，因此有武器专家戏言："美国出口的是可口可乐，日本出口的是索尼，而苏联出口的是卡拉什尼科夫。"由此可见，AK步枪对世界的影响非常大。

在越南战争中，美国士兵宁愿扔掉手中的M16而去使用苏联的AK-47。因为他们自己国家设计的M16在风沙、沼泽等恶劣环境里容易出毛病，而AK-47却结实耐用得多。埋在泥水中或沙堆里的AK-47拿出之后，依然能正常发射。AK-47以自己卓越的性能，赢得了步枪之王的桂冠。

● AK-47算得上是全球局部战争中使用人数最多的武器

> 罗马尼亚版的 AKM 护木底部有握把
> 埃及的 MISR 是 AKM 的仿制品

AKM 突击步枪 >>>

AKM 突击步枪是 AK-47 的主要改进型号,主要特点是重新采用冲压机匣代替锻压机匣,使生产成本大大降低,而且重量也更轻。在 1953—1954 年期间,"世界枪王"卡拉什尼科夫改进了 AK-47,最终定型为 AKM,并在 1959 年开始装备苏联军队,实际上大部分被媒体称为 AK-47 步枪的照片,皆系 AKM 型突击步枪。

"枪王"卡拉什尼科夫

谈及 AKM 突击步枪,我们不得不说到享誉世界的枪械设计师米哈伊尔·卡拉什尼科夫。卡拉什尼科夫出生于哈萨克斯坦阿拉木图。1938 年他应征入伍,开始学习机械技术并显示出机械设计的才能。苏德战争爆发后,他曾作为一名坦克指挥官在军队中服役。卡拉什尼科夫因受伤住院时,产生了设计自动武器的念头。从此,他与枪械结了缘。由他设计的多款枪至今仍是不可超越的设计杰作,以他名字命名的武器被公认为安全可靠,技术精良。世界上五十多个国家配备的是由他研制或以他的设计系列为基础制造的武器。没有一种枪在分布的广度和产量上能够与卡拉什尼科夫冲锋枪相媲美。难怪评论家说:"在轻武器发展史上恐怕只有马克沁、毛瑟和勃朗宁可以和他比比高低。"

AKM 的诞生

卡拉什尼科夫的代表作是 AK 系列步枪、轻机枪 RPK、通用 PK 系列等。迄今为止,AK 枪族是世界上最完整,作战效能最好的枪族之一。而 AKM 突击步枪则是 AK-47 的进一步改进型。虽然 AK-47 有着一系列优点:动作可靠,勤务性好;坚实耐用,

❂ AKM 突击步枪

AKM步枪采用的刺刀与AK-47的刺刀有很大的不同。它是一种多用途刺刀，不仅可装在枪上用于拼刺，也可取下作剪丝钳使用，还可锯割较硬的器物。由于刀鞘和刀柄均绝缘，可用于剪断电压较高的电线而无电击的危险，该刺刀在设计、结构、使用性能上都比较成功。

兵器解密

故障率低。但美中不足的是，该枪连续射击时枪口上跳严重，影响精度，而且重量比较大。于是在1959年，卡拉什尼科夫在AK-47使用过程中出现的一些缺陷的基础上改型设计出AKM型枪。AKM增设了枪口防跳器，提高了射击精度，采用塑料弹匣和钢板冲压机匣，使枪重减至3.15千克，比AK-47轻了1.15千克。此后，以AK-47为基础，逐步发展成了一个枪械系列，成为20世纪最成功的系列枪械之一。

🔫 AKM即苏联卡拉什尼科夫自动步枪改进型，这种武器已经成为生产量最高、影响最大的卡拉什尼科夫自动步枪。

海盗的至爱

区分AKM与AK-47很容易：一看机匣形状；二看活塞筒两侧有没有排气孔；三看准星座的形状。除了生产工艺的改进之外，AKM步枪扳机组上增加的"击锤延迟体"也被译为"减速器"，在击发时能使击锤延迟几毫秒向前运动，以保证枪机框在前方完全停住后再击打击针，这样足以消除任何原因导致哑火的可能因素。所以即便是已经生锈的弹药，在这种步枪上使用，仍然能够顺利击发。也正是这种可靠性，就连索马里海盗都看上了它。

永载史册

将AK-47和AKM与同一时期的北约国家装备的一些自动步枪、突击步枪相比，AK-47和AKM要优越得多。为此，苏联政府给卡拉什尼科夫以很高的评价："米哈伊尔·卡拉什尼科夫在加强苏联国防力量方面作出了重大贡献。"

1994年11月，在他75岁生日时，俄罗斯总统叶利钦和国防部长等高级军官到他家中祝贺，并为他授勋。

2004年11月10日，卡拉什尼科夫迎来了他85岁的生日，普京总统亲自为他颁发勋章，以表彰他为研制新式武器和加强国家防御能力所作出的巨大贡献，卡拉什尼科夫以及他的步枪家族将永远被载入枪械史册。

◆◆◆ 兵器简史 ◆◆◆

第一支突击步枪是在二战中由德国研制的STG44。STG的原意是暴风雨式步枪，后来被称为突击步枪。二战结束后，各国在德国研制的突击步枪的基础上，做了一些改进后，研制了一批新的突击步枪，其中比较有名的有前苏联的AK-47突击步枪、美国的M16突击步枪、法国的FAMAS、奥地利的AUG和德国的HKG36。

M16 步枪 >>>

在西方国家中，能与苏联 AK 系列相媲美的步枪，当数美国的 M16 系列自动步枪。M16 步枪是世界上第一种装备部队并参加实战的小口径步枪。可以说，它是 20 世纪 60 年代以来美军士兵第一次军事行动的战斗利器。西方军事界对 M16 的评价是："美国高初速小口径武器的出现，标志着步枪装备史上的一个重大转折。"

一代枪王

M16 步枪的发明人是优秀的枪械设计师尤金·斯通纳。在设计枪械生涯中，他的理念是简化枪械设计，减少枪械部件。他不仅仅设计出了 AR-15、M16 突击步枪，同时他也是一个多产的设计师。在他的枪械设计生涯里，设计研制过许多独特的武器系统，其中就包括斯通纳 63 武器系统。这种武器系统可能是第一种真正的模块化结构枪械，主要由 15 个子模块组成，通过不同的组合可装配成不同的结构，分别为标准步枪、卡宾枪、轻机枪或通用机冲枪，真可谓枪中的变形金刚。斯通纳与卡拉什尼科夫、乌兹齐名，被人们称为 20 世纪三大枪王。

赢得美誉

在斯通纳设计的枪械中，他本人一直对最初研发的 M16 情有独钟。1958 年，为满足美国陆军部对小口径步枪的要求，斯通纳大胆地将 AR10 式步枪改为 5.56 毫米口径，同时把 AR10 外层为铝、内层为钢的枪管改为全钢枪管，取名为 AR15，这是斯通纳向世界推出的第一支小口径步枪。AR15 一出现便立即受到美国空军的欢迎，美国陆军也十分感兴趣。美国军方对它进行了试验鉴定，并列为美军制式装备，1960 年正式命名为 M 16 步枪。

⬤ 1990 年，世界两大枪王卡拉什尼科夫和斯通纳在美国会面。

20世纪80年代初，斯通纳又研制出了 M16 的第二种改进型——M16A2。该枪从外观上看与 M16A1 很相似，但所作的改动却很大。除了新的膛线之外，护木前的枪管被加粗，增加枪管的抗弯曲性能，减缓了连续射击时的过热，提高单发精度；另外，其消焰器也再次被修改。

兵器解密

战争的需要

1961 年，美国对越南的战争爆发了，此时，美国大兵装备着他们的 M14 步枪就出发了。M14 是在加兰德的 M1 基础上设计生产出来的。

在越南的丛林山区中，美军携带的 M14 故障不断，缺点暴露无遗。因此，在越南战场上的美军迫切需要一种新的步枪取代 M14 步枪。1962 年美国国防部长麦克纳马拉下令 M14 立即停产，随后 M16 步枪便匆匆忙忙地投入越南战场。

刚刚投放到美军手中的 M16 以火力猛、重量轻，比 M14 更便于携带而受到了称赞。美军第一骑兵师的某指挥官回忆越战时对 M16 的火力也做出了肯定的评价。当时，他所在骑兵师的一个班被三面包围在山上，为了呼叫直升机火力支援而发射了信号弹。

兵器简史

M16 系列自动步枪由美国著名的枪械设计师尤金·M·斯通纳设计，是第二次世界大战后美国换装的第二代制式步枪。该系列自动步枪主要包括 M16 式、M16A1 式和 M16A2 式、M4A1 式、M16A3 式、M16A4 式几种型号。M16 步枪自从在越南战争的烽火中初露头角后，就开始走向世界，并在世界各国军队中掀起了一股小口径步枪热潮。

越南士兵以为他们要撤退，于是加快了进攻速度。美军以手中的 M16 进行防御，在 M16 强大的火力下，越南士兵伤亡惨重。

历久不衰

尽管 M16 拥有不少优点，但是在实际战场上仍然暴露了一系列的缺陷。在越战中，由于越南潮湿的气候和持续的高温，加上丛林等复杂的环境，使得这些枪稍不注意就会生锈，甚至彻底罢工。另外还有弹膛污垢严重、卡壳、拉断弹壳、弹匣损坏、枪膛与弹膛锈蚀、缺少擦拭工具等毛病。

但无论人们对它如何褒贬，M16 仍然是历久不衰。直到现在，M16 及其改型枪仍然在五十多个国家中被广泛采用。

M16 曾经是自 1967 年以来美国陆军使用的主要步兵轻武器，也被北约 15 个国家使用，更是同口径枪械中生产得最多的一个型号。

SA80 步枪 »»

SA80是世界上为数不多的采用无托式结构的突击步枪之一，它是由英国皇家恩菲尔德兵工厂研制的，由两种5.56毫米的自动武器组成，一种是L85A1突击步枪，另一种是L86A1轻机枪。这两种枪的大多数的零部件可以通用，减少了备件的需求。它作为制式武器装备于英国步兵部队、皇家海军和空军，在英国的轻武器中占有一席之地。

曲折的诞生历程

20世纪70年代初，英国恩菲尔德兵工厂开始研制4.85毫米单兵武器，包括突击步枪和轻机枪两种武器，该枪族也是参加1977年开始举行的北大西洋公约组织下一代步枪选型试验的枪种之一。但由于美国

🦅 SA80的含义是"20世纪80年代的轻武器"。

及北约等国家纷纷采用5.56毫米小口径步枪，英国不得不在1980年放弃4.85毫米口径，而改用5.56毫米口径，并研制出相应的样枪。20世纪80年代初期，恩菲尔德兵工厂将其XL70E3式样枪交付英国部队试验。1985年10月，英国军队正式接收第一批步枪，以取代1957年开始装备的7.62毫米L1A1式自动装填步枪和1956年开始装备的9毫米L2A3式冲锋枪。这种枪被称为恩菲尔德SA80式，后来正式命名为L85A1式5.56毫米单兵武器。

不实用的名枪

SA80克服了步枪火力密度和灵活性的不足，也克服了冲锋枪的射程和精度不足，综合两者优点，在兼顾老式步枪的精确瞄准射击的基础上，吸取了冲锋枪的火力炽烈和灵活机动的特点，因此充分具有突击步枪的特性。

在原材料及工艺上，SA80采用传统钢板冲压和铆、焊工艺，作为步枪，这无疑是经济可取的。但是，该枪的设计从战斗使用

SA80 的改进型被称为 S80A2, 包括 L85A2 突击步枪和 L86A2 轻机枪。在 2000—2002 年间, 约有 20 万支 SA80 武器被改进为 SA80A2。SA80A2 通过了一系列的严格技术测试, 性能表现良好。后来, HK 公司还研制了一种枪管缩短的紧凑型 SA80A2c 卡宾枪。

兵器解密

的角度考虑得太少, 因此在海湾战争期间的故障率比美国 M16A2 的故障率高出好多倍。另外, 该枪有机械和光学两种瞄具, 如果要用瞄准镜就要把带照门的提把和准星座从枪上取下。

由于 SA80 枪族需要精心保养, 因此每把枪都配备了一大套多功能维护工具, 为了搞清楚工具的使用方法, 英国士兵不得不经常随身带上工具使用手册。SA80 步枪在步枪家族中真可称得上是"娇贵公子"了。

荷兰海军陆战队使用 SA80 枪族步兵武器的改进型 L85A2

无效的改进

由于 SA80 存在很多问题, 所以在英国, 有自行选择武器权利的特种部队也拒绝使用它; 其他做过 SA80 枪试验的国家, 如荷兰、爱尔兰, 都表示这种枪的性能令人失望。1996 年 9 月, 北约把 L85A1 从指定的轻武器列表中除名, 这起事件最终刺激了英国军方高层, 决定对 SA80 进行重大改进, 于是 HK 公司在 1997 年获得了一份价值 1.2 亿美元的 SA80 改进合约, HK 公司的设计人员对武器的内部做了很多修改。改进型 SA80 在 2002 年 2 月开始发往部队, 但可惜原来的问题仍然存在, HK 公司的改进根本起不到效果。

维护和保养

在英国, SA80 式步枪是一种三军通用武器, 但该枪的使用率以及工作环境各异, 不同兵种的维护程序也不相同。陆军和空军的 SA80 步枪每 6 个月检查一次, 而海军则每 3 个月检查一次。由于符合条件的军械师不足, 所以陆军不得不降低部分作战需求。

在 2006 年 7 月开始实施的新维护计划中, 对 SA80A2 步枪所要适应的操作环境提出了更高要求: 它不仅要能在严寒地区、沙漠以及热带雨林地带操作自如, 海军使用的 SA80A2 步枪必须能够抗盐腐蚀。这也算是对 SA80 式步枪的另外一种考验吧!

兵器简史

SA80 开始是由英国恩菲尔德兵工厂生产, 据说这也是生产质量最差的一批; 1988 年转产到诺丁汉的皇家军火公司, 新的生产线使武器的生产质量开始改善; 紧接着又由 HK 公司的英国分公司负责, 至 1994 年, SA80 正式停产。

> XM8 全称是"XM8 轻型模块武器系统"
> XM8 本质上是经过改进的 G36 突击步枪

XM8 步枪 >>>

未来的步枪是什么样的？未来的步枪上将装有激光瞄准系统及计算机数据处理系统，可以使射出的枪弹百发百中，弹无虚发，我们可以从美军的有"未来之枪"之称的 XM8 步枪看出端倪来。XM8 步枪是新型未来单兵武器的一种，这种轻型突击步枪重量轻，仅有 2.7 千克，其可降低未来士兵的作战负荷，提高机动作战能力。

枪场新秀

在战争年代，美国武器的发展在世界上可谓是遥遥领先，但到了和平时期，美国武器的发展速度就相对缓慢一些，它不再领先于世界其他国家。于是美国人经过对美军武器表现的研究，立即决定研制新武器，用以替代 M16 系列。2002 年 10 月美国防部

👆 XM8 是一款由黑克勒—科赫美国分公司为美军研发的一款"轻量突击步枪"。

与 ATK 和 HK 防务公司签订了一项 500 万美元的研制合同，由 HK 防务公司负责研制 XM8 轻型突击步枪，所限定的开发周期也非常短，只有 3 年时间。XM8 计划就是在这样的背景下被提上日程的。

XM8 本是 XM29 系统的 5.56 毫米步枪部分，通过模块化组合使它成为单个机构，并可以根据不同的任务需要和作战地域，转换成不同的枪型或发射不同口径的弹药。

XM8 的最终发展目标，不仅是作为代替 M16 系列的一种轻型卡宾枪，而是可以转换成多种不同型号的模块化步枪系统，不同长度的枪管及其他配件赋予其不同的角色，甚至可以更换机匣，以发射不同口径的弹药。

美观实用

XM8 型步枪的重量比它的前辈 M16 型自动步枪的各种变型都轻。XM8 虽然很轻，但你不必为它的质量问题担忧，因为在它的机匣内有着与 G36 一样的加强钢板骨架，冷锻的枪管有 20000 发的使用寿命，因此非

XM29是理想的单兵战斗武器,它是为"陆地勇士"开发的单兵战斗武器,也是陆军的"未来战斗系统"计划的一个重要组成部分。由于XM29的计划延期,整个系统被分成2个子系统分别研制。一个是XM8轻型突击步枪,另一个是XM25自动榴弹发射器。

兵器解密

常坚固耐用。高强度的聚合物材料除了非常坚固外,还可以生产成不同的颜色,比如适用于丛林战环境的绿色和沙漠环境的黄褐色等,将来还打算生产极地环境的白色和城市环境中的深蓝色,有人更戏称将来也许会生产粉红色的民用型。

枪中的变色龙

XM8步枪除了性能良好外,它还是一种具备类似变色龙特性的步枪。XM8突击步枪产生了4种变型,可相互转换,在未来战场环境中,可根据需要在几分钟内变换枪管和其他组件,由一种变型改装成另一种变型。这种武器能在10分钟内变为小型突击机枪、卡宾枪或是狙击枪。XM8使用北约标准的5.56毫米子弹,配备30发G36标准弹匣或100发塑料弹匣,可以用最少的润滑油和清洗需求发射1.5万—2万发子弹,还可根据士兵的偏好或战场形势使用左手或右手灵活射击,可在城市作战或远距离狙击中使用。此外,XM8还装配有激光瞄准设备和照明器。XM8还可安装多种附件,可配备下挂榴弹发射器及霰弹枪。

始料未及的遗憾

众所周知,M16步枪存在卡壳以及枪机复进不到位等问题,均与M16步枪射击后滞留在枪械内部的火药残渣有很大关系,所以XM8的机构动作更加灵活、可靠。另外,它采用了XM29和G36步枪上的许多技术,如使用XM29上的瞄准装置。XM8的动作机构源于阿玛莱特AR-18(M16前身),但其改进后的导气装置比M16的导气管式更好。

到了2005年,就在XM8步枪即将被确定为制式装备时,XM8在陆军主管武器的部门内部引发了一场冲突。各方在步枪的选择问题上仍存有争论,最后导致XM8计划宣布停止了。

🎧 尽管XM8很轻,却是一件非常坚固耐用的武器。

> AUG的弹匣容量是30发或42发
> AUG有射击10万发子弹的使用寿命

AUG 步枪 >>>

AUG是由奥地利施泰尔公司生产的一种步枪,巧合的是"AUG"也是英文"陆军通用步枪"一词的缩写。AUG自1970年问世以来便广受推崇,并以其先进技术跻身世界著名步枪前列,有十多个国家选用它作为制式武器。在多次地区冲突中,AUG经历战火检验,士兵普遍反映它外观新颖、结构紧凑、操作简单、射击平稳、精度较好、携带方便。

性能优良

AUG步枪系统是模块化结构的,全枪由枪管、机匣、击发与发射机构、自动机、枪托和弹匣六大部件组成。所有组件,包括枪管、机匣和其他部件都可以互换。AUG步枪中采用了大量塑料,不仅枪托、握把和弹匣采用工程塑料,就连受力的击锤、阻铁、扳机也用塑料制成。采用耐冲击塑料件,不仅加工容易,不生锈,而且强度特别好。如双排压弹的塑料弹匣强度惊人,用两吨重卡车来回滚压,它也不会破碎。且匣壁透明,可随时看清存弹量。

此外,AUG采用单连发扳机,省却转换快慢机的动作,加快了火力变换。枪的两侧都有抛壳窗,可改变抛壳方向。左、右手射击的射手都可使用。它的后部宽大,这是它与其他无托步枪的一个明显区别。后部宽大的空间既可容纳枪的机件和保养附件,也能存放士兵的日常生活小用品,士兵们无不欢迎。

深受喜爱

AUG采用的无托、积木式结构使它比同口径步枪短约1/5。积木式结构使得它的零部件看起来很少,组装拆卸十分快捷。从精度来看,由于AUG机构配合紧密,活动间隙小,开闭锁撞击轻,自动机运行平稳,精锻枪管精度好,加之操作方便,单发射击精度高,点射精度也不差。男

AUG被沙特、阿曼军队用于1991年的海湾战争,经受了实战的考验。

AUG 无托式步枪结构紧凑、携带方便。这种枪被沙特、阿曼军队用于1991年的海湾战争，经受了实战的考验。但是，AUG 也不是非常完美的枪械，它也有单发后易造成弹丸偏离目标，风沙、汹渡中故障太多，严寒的条件下机构阻力加大和塑料件易于断裂等缺点。

兵器解密

AUG 采用单连发扳机，省却转换快慢机的动作，加快了火力变换。

端着 AUG 步枪扫射。硝烟过后，以军副总参谋长和3名突击队员同时倒下。军医在尸检过后发现，AUG 步枪具有相当高的命中精度。

兵们喜欢它，称它为"魔方步枪"。可以根据战斗需要，把不同长度的枪管更换，转眼间它就由普通步枪变成了卡宾枪、冲锋枪、伞兵枪和轻机枪（另配两脚架），真是一枪多能。在多种语言的赞叹声中，AUG 愈来愈漂亮，果酱色的外观透出柔美，但又不失刚烈。

一战成名

20世纪70年代末，阿曼苏丹进口了一批 AUG 步枪，但几乎所有人都不喜欢这种"没有鲜明轮廓的枪"。无奈之下，阿曼苏丹只好把它们送给在黎巴嫩安营扎寨的巴勒斯坦解放组织。巴解指挥官把 AUG 步枪全部提供给著名的暴风突击队。该枪的高精度和轻巧，让这些熟谙特种作战的战士爱不释手。

1982年6月，以色列国防军发动了对黎巴嫩的战争，很快以军就完成了对黎首都贝鲁特的分割包围。兴奋至极的以军副总参谋长跳出坦克，招呼随军记者来给自己拍照。忽然3名暴风突击队员越过一堵矮墙，

改进型 AUG-A2

AUGA1 是 AUG 的标准型，枪管长508毫米，它是奥地利陆军及其他装备 AUG 国家的大多数士兵所配备的步枪。而改进型 AUG-A2 则保持了 AUG 的主要优点，突出的改进是机匣和瞄具可分离，机匣左侧增加了可折叠的滑板，以减少枪落地摔裂的危险。新安装的全息瞄具技术先进。无托步枪是英国人发明的，但奥地利人做得更好。他们的5.56毫米 AUG 步枪成了当今世界无托步枪的杰出代表。

兵器简史

AUG 步枪是在20世纪60年代后期开始研制的，其目的是为了替换当时奥地利军方采用的 FN FAL 自动步枪。经过技术试验和部队试验后，由于性能卓越，AUG 步枪于1977年正式被奥地利陆军采用，并在1978年开始批量生产。从那时起，除奥地利外，AUG 被多个国家的军队所采用。突尼斯在1978年就开始购买 AUG；阿曼苏丹在1982年开始装备 AUG。

> 莫辛－纳甘步枪曾是俄国制式步枪
> 莫辛－纳甘属于无烟发射军用步枪

莫辛－纳甘步枪 »»

武器在战争的磨砺中不断推陈出新，没有人可以永远笑傲疆场。当美国人的连珠枪开始大出风头的时候，俄国人已经在研制新一代的弹仓式步枪了，一支名称颇具争议的传奇步枪于这个时候在俄国诞生了，它就是莫辛—纳甘步枪。M1891 型莫辛纳甘步枪是世界最著名和使用最广泛使用时间最长的步枪之一，在中国它还有个雅称——"水连珠"。

莫辛的研究

自从法国化学家成功发明了无烟火药后，随之枪械发展史上经历了一次巨大飞跃。当时技术领先的国家纷纷换装较小口径的步枪，俄国也决定利用无烟火药研制新的小口径枪弹和弹仓式步枪。

🔴 莫辛－纳甘是以设计者俄国陆军上校莫辛和比利时枪械设计师纳甘命名的手动步枪

当时，正在研究弹仓式步枪的俄国人莫辛也参加了较小口径弹仓式步枪的研制，并参照法国勒伯尔步枪的结构，很快就完成了设计，于 1889 年通过靶场试验。在此之前，俄国研制的采用无烟火药的步枪弹已经研制成功，准备批量生产。莫辛的设计方案正是基于该弹而制定的。

两种步枪的较量

就在此时，比利时轻武器设计师纳甘也来到俄国推销他设计的弹仓式步枪。为适应俄国的枪弹口径，纳甘还将口径做了缩小化的改进。纳甘步枪的弹仓结构比较简单，往弹仓里装弹也比较方便。

1890 年的 1—2 月，炮兵委员会对纳甘步枪和其他弹仓式步枪进行试验，莫辛设计的弹仓式步枪也同时参加了试验，每支枪都经过了 2500 发枪弹的测试。3 月，委员会召开了新式步枪审查会，肯定了纳甘步枪的优点，同时也指出其弹仓供弹速度稍慢的不足。

由于莫辛步枪和纳甘步枪在试验中表现都不错，因此俄国国防部大臣瓦诺夫斯基

莫辛设计的步枪的供弹装置与纳甘步枪类似，也是位于枪身中部，但结构有所不同。该弹仓内设有一个弹性隔弹板，能够防止进弹时下一发弹的干扰。该隔弹板的一端被螺钉固定在机匣左侧，另一端为折弯的片状，并有两个凸起，一个扣合住枪机表面，另一个插在弹仓内。

兵器解密

决定购买比利时生产的纳甘步枪和图拉兵工厂生产的莫辛步枪各 300 支。

但在 1891 年 3 月 20 日，瓦诺夫斯基召集炮兵委员会举行了临时会议。会上讨论了参试步枪的不足，认为纳甘步枪结构复杂，生产成本偏高，这对装备量很大的军用步枪而言是必须避免的。

莫辛步枪获胜

在此期间，莫辛在图拉兵工厂继续致力于弹仓式步枪的结构改进。经过三轮改进，把实际射速从每分钟 25 发提高到每分钟 49 发，远远超过纳甘步枪。而且由于改进了隔弹板形状，在连续 500 发的射击试验中，弹仓一次次地装填，均未发生卡壳故障。

1891 年 4 月 9 日，经过 40 万发的靶场试验，莫辛步枪的改进试验报告被呈送到军械局，获得赞许。在军械局最后的选型试验总结中是这样描述的："建议采纳莫辛设计的 3 线弹仓式步枪作为军用小口径步枪，同时采纳纳甘设计的快速装弹弹夹。"

1891 年 4 月 16 日，沙皇亚历山大三世

🔊 莫辛-纳甘步枪的弹药袋

颁布命令，为军队正式换装小口径弹仓式步枪，并命名为"1891 年 3 线步枪"。

命名之争

在当时俄国沙皇颁布的命名中，没有冠以设计师的名字，因此出现了后来的命名之争。由于莫辛步枪是俄国军队装备的第一支国内自主研制生产的制式步枪，在此之前俄军装备的步枪和其他轻武器都是国外设计的，也正因为如此，俄国人才会对这支枪究竟出自谁手的问题争论不休。

在纳甘本人的强烈要求下，军械局专门召开会议，评定每位设计师在新式步枪研制中的具体贡献。最终确定 1891 年 3 线步枪上有 3 处结构的设计借鉴了纳甘步枪，而莫辛的主要功劳是设计了枪机闭锁机构、保险突笋装置、弹匣盖板扣、抛壳机构、带有隔弹板的弹仓等。

◀═ 兵器简史 ═▶

中国人一般称呼莫辛-纳甘步枪为水连珠。当时俄国派出大军进占东北，并和清军及抗俄义勇军多次作战。当时，中国人使用老式黑火药枪弹的步枪发射时，枪声沉闷，硝烟经久不散，而相比之下，莫辛-纳甘步枪不仅烟雾少，而且枪声清脆，连续发射时如同水珠溅落，故得此名。

兵器知识

> M16A1 **步枪采用柱形准星**
M16A4 **具有一个"平顶式"的机匣**

M16 系列自动步枪 »

M16 系列自动步枪是第二次世界大战后美国换装的第二代制式步枪，也是世界上第一种正式列入部队装备的小口径步枪。该系列自动步枪主要包括 M16 式、M16A1 式和 M16A2 式、M4A1 式、M16A3 式、M16A4 式几种型号。M16 系列自动步枪从装备美军开始，已经历了四十多年，无论人们对它如何褒贬，它依然是枪械家族中的常青树。

M16 式步枪

据不完全统计，当今世界有至少 60 个国家和地区的军队以 M16 系列步枪作为制式装备。早在 1962 年，M16 定型不久，美国便果断地将它投放到越南战场，经受战争的洗礼。M16 式步枪主要由上机匣组件、下机匣组件和枪机——机框组件构成。上机匣组件包括枪管、瞄准具、导气管、上下护木、

M16 系列自动步枪。主要包括 M16A1、M16A2、M4、M16A4。

枪口消焰器、枪管连接箍、防尘盖、提把、上机匣等。下机匣组件包括枪托、握把击发发射机构、保险机构、复进簧导管、复进簧、下机匣与机匣连接套等。枪机——机框组件包括装填拉柄、枪机闭锁导柱及其固定锁、枪机、抛壳挺、机框等。

虽然美军在越南战场失利，但 M16 却从越南战场起步，仅柯尔特公司在这段时间内就生产了 350 万把 M16，并在世界掀起了一股研究小口径步枪的热潮。

M16A1 的诞生

M16 式步枪在越南战场上暴露了不少问题，最主要的是弹膛污秽现象严重，卡壳故障率高。针对战场上出现的问题，斯通纳对该枪进行了改进，改进后将其命名为 M16A1 式步枪，1967 年定型，1969 年起大量装备美军。

主要改进之处是：弹膛镀铬，重新设计了复进簧导管（也称缓冲器），以降低射速，在完成闭锁动作过程中防止反跳开锁；由于 M16 式步枪没有拉机柄，在机匣右侧后端

M16 使用直接推动机框的直接导推式原理，枪管中的高压气体从导气孔通过导气管直接推动机框，而不是进入独立活塞室驱动活塞。高压气体直接进入枪栓后方机框里的一个内室，将机框带动枪机后退，这使得单独的活塞室和活塞不再必要，从而减少了移动部件的数量。

兵器解密

除了新的膛线之外，M16A2 的护木前的枪管被加粗，增加枪管的抗弯曲性能，减缓了连续射击时的过热，提高单发精度。

增加了一个辅助闭锁装置，该装置由机框右侧的一排细齿和伸出机匣右边的辅助推机柄组成，其作用是在枪机因故障不完全闭锁时，射手可用手推其闭锁；机管下方可加挂 M203 式 40 毫米榴弹发射器，具有点、面杀伤能力。

为了统一而改进

1977——1980 年北约小口径步枪选型试验后，确定比利时的 SS109 式 5.56 毫米枪弹为北约制式口径枪弹，而 M16A1 式步枪只能使用美国的 M193 式 5.56 毫米枪弹，从而存在近距离杀伤威力太大，远距离杀伤威力不足的问题。为了统一到北约口径，进一步提高步枪的作战性能，柯尔特制造公司根据美国三军轻武器规划委员会所提出的步

枪作战使用性能要求，又对 M16A1 式步枪进行了改进。1982 年美国海军陆战队首先采购了 20 万支改进后的 M16A1 式步枪装备部队，并命名为 M16A2 式步枪。1984 年 3 月美国陆军也正式宣布采用 M16A2 式步枪。

M16A2 的性能

作为 M16A1 的改进型，M16A2 是由美国枪械设计师尤金·斯通纳设计改进，由柯尔特武器工业公司制造。从表面上看它与 M16A1 非常相似，但有几个主要部件有很大差异：加固了机匣和枪托；增加了三发点射的连发控制器；改换了粗枪管；抛壳窗后部设置了一个弹壳偏转防跳器的凸缘；护木、枪托和握把用塑料制成，护木为圆形，整体质量有所增加。

以 M16A2 为基型枪，美国还开发了重枪管型、卡宾型、突击队员型、冲锋枪型等。在索马里战争、海湾战争以及阿富汗反恐怖战争中，到处可见 M16A2 及其改进型的身影。

> SVD 的枪托大部分都是镂空的
> SVD 的扳机护圈比较大

SVD 狙击步枪 >>>

S VD 狙击步枪是德拉贡诺夫狙击步枪的缩写，是由前苏联的德拉贡诺夫在 1958—1963 年间设计的一种半自动狙击步枪，用于代替服役多年的莫辛纳甘狙击步枪。SVD 实际上是 AK-47 突击步枪的放大版本，自动发射原理与 AK-47 系列完全相同，但结构却更为简单。在车臣武装恐怖分子的心中，SVD 永远是挥之不去的阴影。

🎧 SVD 狙击步枪和 SVD 的快拆 PSO-1 瞄准镜

精心的设计

1958 年前苏联提出设计一种半自动狙击步枪的构想，要求提高射击精度，又必须保证武器能够在恶劣的环境条件下能够可靠地工作，而且必须简单轻巧紧凑。前苏联军队在 1963 年选中了由叶夫根尼·费奥多罗维奇·德拉贡诺夫设计的半自动狙击步枪，通过进一步的改进后，在 1967 年开始装备部队。SVD 狙击步枪是世界上第一支为

其用途而专门制造的精确射手步枪。SVD 是一种新的改进型，采用新的玻璃纤维复合材料枪托和护木以及新弹匣，在弹匣入口前方有安装两脚架的螺纹孔。自从苏军正式装备 SVD 狙击步枪后，曾被苏军在各类武装冲突中广泛使用。

精湛的工艺

在 20 世纪 70 年代苏军入侵阿富汗期间，SVD 狙击步枪被编到每个摩步班，除了狙击重要人员目标和火力点、为班组扫清道路之外，还常伴随作战小组沿前线或纵深机动，并为小组提供中远距离火力支援，其卓越性能也被人们逐渐认可。

SVD 的制造工艺比较复杂，重量很轻，但在同级狙击枪中精度相当高，配用 7N1 弹可达到非常高的精度。值得一提的是，相对该枪的体积来说该枪的操控性良好，而且非常耐用。导气装置和枪膛均镀铬，具有良好的耐蚀性且易于清洁。

引用一名美国陆军狙击手的话：在今天的术语中，SVD 不算是一种真正意义上的

兵器解密

SVD狙击步枪采用活塞短行程式，其气体活塞系统与AK–47不同。在AK–47上，活塞与枪机框成一整体，而SVD上的气体活塞单独地位于活塞筒中，并可纵向运动。SVD的枪管不能更换，内膛镀铬，有4条膛线，导程320毫米。

狙击步枪，但它被设计、制造得出奇的好，是一种极好的延伸射程的班组武器。

配备专业狙击手

早在斯大林格勒战役期间，狙击手运动在苏军蓬勃开展起来。据统计，仅第62集团军就涌现出340名著名狙击手，至11月底，共消灭德军6250人。苏军狙击手准确歼敌，袭扰德军，为苏军完成部署调整并最终战胜德军创造了有利条件。而那时，这些狙击手大多采用的是莫辛–纳甘狙击步枪。到了1963年以后，莫辛–纳甘狙击步枪逐渐被SVD所取代。

装备SVD的士兵需要接受针对此种武器的专门训练。在第一次车臣战争中，俄军没有经过专门训练的SVD狙击手，于是就让特别行动小组的特等射手来使用它们，这些狙击手受过良好训练，但他们不善于个人伪装以及在山区和城市边缘的乡村进行战

> ★ 兵器简史
>
> 1958年，前苏联开始研制发射1908/30弹的自动装填狙击步枪，经过长期试验，1963年选中了由德拉贡诺夫设计的狙击步枪（SVD）。经过改良，在1967年开始装备部队。SVD所选用的是专门开发的狙击弹，精度高，威力大，在1000米距离上仍有很强的杀伤力。自它问世后，一直被多国采用和生产。

斗。他们很明显没有经受过反狙击以及躲避炮击的训练。看来，好枪还是也要配好手。一旦哪个士兵配备了SVD，他们就会非常小心地"呵护"这位"朋友"，经常对它进行保养和清理。

超高的精度

和老式的莫辛–纳甘步枪一样，SVD的瞄准具可以快速瞄准射击，或是使用机械瞄准具进行近距离射击。SVD狙击步枪在1000米以上的距离也足以致命，但此枪并不是出于对超高精度的要求而制造的。当SVD狙击步枪使用标准弹药时，此枪的有效射程约为600米。

如今，除俄罗斯外，埃及、罗马尼亚等国家的军队也采用和生产SVD。

◀ SVD的PSO–1的瞄准镜远望。虽然PSO–1瞄准镜的视野纵深可达到1000米，事实上弹道精度最多勉强只能达到800米。

M40 系列狙击步枪 》》》

对于狙击手来说,狙击步枪无疑是他们最信赖的"战友"。在苏军狙击手眼中,"红色枪王"SVD 就是他们的第二生命;而对于美军狙击手,绿色的 M40 狙击步枪才是让他们感到安全和力量的"雷神之槌"。尽管早期的 M40 狙击步枪在越战中让美军吃尽了苦头,但一部分狙击手仍然认为 M40 是"最佳狙击步枪",而其改进型则更加优秀。

现代狙击步枪

越战开始时,由于 M1903 早已停产,零件补充困难,美国海军陆战队认为需要为专业狙击手配备一种专业的狙击步枪,于是新式的狙击步枪 M40 诞生了。M40 狙击步枪是一种完全手动的狙击步枪,而且弹匣中只装有 5 发子弹。每打完一枪,狙击手就要拉开枪机退出弹壳重新上膛。一旦近距离遭遇敌人,最佳的选择就是扔掉 M40,掏出手枪迎战。但美国人为什么还要运用 M40 呢?

首先,美国人追求的是狙击步枪的射击精度,手动的狙击步枪在射击精度上比半自动的狙击步枪要高一些;其次,狙击手本来就是躲在黑暗中远距离杀伤敌人的兵种,近距离遭遇敌人的机会实在微乎其微。M40 生产定型后,美国人正式地对外宣布:一种真正意义上的现代狙击步枪诞生了。

明显的缺点

M40 是由雷明顿武器公司在 M700 式民用步枪基础上研制而成的一种狙击步枪,在 1966 年越南战争中开始装备美国海军陆战队。M40 步枪在越南露面不久,其缺点就暴露无遗。越南气候炎热、湿度高,在这种条件下作战,需要特别注意保护其木质枪托,要经常清理自由浮动式枪管导槽,刮掉膨胀的木质,给枪托灌蜡密封,以减少木质枪托膨胀或收缩。各海军陆战师的装

◖ M40 狙击步枪是雷明顿 700 步枪的衍生型之一

1996年，美国海军陆战队开始为现役的527支M40A1寻求替代品，M40A3随之诞生。M40A3是以雷明登700为基础，采用新的瞄准镜座和护木，枪托为麦克米兰A4枪托，可以调节枪托底板长度和贴腮板高度，M40A3发射改良的M118LR(远距离)弹。

兵器解密

备报告指出，从北方的胡志明小道到靠近岘港的55号丘陵，这一地区的整个地带，只有少数M40步枪可以使用，而其他大部分步枪均从战场上撤下来进行维修。1969年6月，第1海军陆战师侦察狙击分队配发的82支M40步枪中，仅有45支投入战斗，其他22支因性能不可靠等问题被搁置一旁。尽管如此，M40步枪的狙击记录仍使海军陆战队的狙击手名声大噪。

M40A1 的问世

在1973年越战结束后，美国陆战队开始针对这些问题对M40进行改良，在原枪机的基础上重新设计了枪管和枪托，弹匣槽和后座突耳直接焊接在机匣上，使之成为一体。M40原来的雷明顿镀铬枪管被换成了表面经乌黑氧化涂层处理的阿特金森不锈钢枪管；容易受潮的木质枪托也被玻璃纤维枪托所代替；采用固定10倍倍率的Unertl狙击镜。不过Unertl狙击镜也只是过渡时期的装备，当后来里奥波特生产的UltraM3A

🔍 M40A1 的 Uneul 瞄准镜

瞄准镜成为美国军方正式采用的瞄准镜后，陆战队采用换修的方式，将损坏的Unertl狙击镜换成里奥波特，由于逐步替换，因此现在陆战队仍有少数Unertl在使用中。经过一系列改进后，一个崭新的M40出现在我们眼前，这就是今天的M40A1。

重量级的精确武器

Unertl瞄准镜在与其他部件一块使用时，还需要增加一些负载，这使得M40A1步枪重6.5千克，成了真正的重量级武器。M40A1也是一种很精确的武器，发射M118特种弹头比赛弹，最大有效射程为800米，不过海军陆战队称其最大有效射程为915米。

M40A1的问世让M40像凤凰一样浴火重生，被美军称为"绿色枪王"。

> M82A1 **可安装折叠式机械瞄准具**
> M82A2 **采用了无托式设计**

巴雷特狙击步枪 »»

谈 及狙击枪的威力，了解枪械的人估计都会想到巴雷特这个名字。巴雷特 M99 系列狙击步枪，是巴雷特火器公司 12.7 毫米狙击枪家族的最新成员，它于 1999 年进入市场以后就成为枪迷的关注对象。而许多枪迷都是从巴雷特的开山之作 M82 而喜欢上大口径狙击步枪的，该枪在世界上掀起一股大口径狙击步枪的热潮。

从摄影师到枪械制造者

朗尼·巴雷特原本只是美国田纳西州的一名商业摄影师，从未受过任何火器设计训练的一名枪械爱好者。1981 年 1 月，一次偶然的机会，促使巴雷特决心设计一支大口径半自动狙击步枪。于是，从设计到制造，不足一年时间，一支样枪成型了。接着巴雷特创建了自己的公司，并在 1982 年开始试生产，并将此枪命名为 M82。

到了 1986 年，M82A1 大口径半自动狙击步枪正式"诞生"了。

被美军看中

到了 20 世纪 80 年代中期，巴雷特在匡蒂科展示了 M82A1 的精度和威力，虽然未能引起海军陆战队太大的兴趣，但巴雷特记住了军方的要求，进行改进。

1990 年，巴雷特公司制造出符合军方要求的大口径军用狙击枪。同年 10 月，海军陆战队选定 M82A1 作为远距离杀伤武器，用于对付远距离的单兵、掩体、车辆、设备、雷达及低空低速飞行的飞机等高价值的目标，爆炸器材处理分队也用 M82A1 来排雷。巴雷特公司在接到订单后，90 天内就完成了 100 支步枪的订货合同。随后，美国陆军、空军以及特钟作战司令部都采购了 M82A1，尽管数目并不多，但却为 M82A1 打开了

早期 M82A1 枪口制退器的设计与后来的不同

M82A1 可以迅速地分解成上机匣、下机匣及枪机框 3 部分。上下机匣是主要部分，为了保证其强度及耐磨性选用了高碳钢材料。下机匣联接两脚架、枪手底板及握把，其内部包括枪机部件及主要的弹簧装置；上机匣主要包括枪管部分，即枪管、枪管复进簧和缓冲器。

市场。

重狙击之王

在海湾战争中，M82A1 表现得非常优秀，这种大口径狙击步枪也引起了各国军队的重视。M82A1 狙击枪全长 1448 毫米，口径 12.7 毫米，枪重 12.9 千克。一套 M82A1 狙击枪包括专用狙击镜、M 33 标准弹、M 8 穿甲弹等。

与普通狙击步枪相比，M82A1 具有两大优势：一是杀伤力强。不仅可以射人，更可以破坏轻型装甲车辆、雷达、弹药堆放场、飞机等高价值目标。美海军陆战队曾使用"巴雷特"摧毁伊拉克炮兵指挥车与装甲运兵车。二是射程远，该枪射程高达 2000 米，子弹可轻易击穿 1000 米外装甲的装甲。而在狙击手的对决中，枪的射程成为决定胜负乃至生死的一大关键因素。因此，巴雷特狙击步枪在国际军火界拥有"重狙击之王"的赞誉。

目前，M82 至少已装备英国、法国、比利

🔊 墨西哥狙击队广泛采用了 M82

时、意大利、丹麦、芬兰、希腊、意大利、墨西哥、葡萄牙、荷兰、沙特阿拉伯、瑞典、西班牙、土耳其等 30 多个国家的军队或警察部队。

M99 系列狙击步枪

如今，巴雷特大口径狙击步枪的设计水平日臻成熟，M99 系列狙击步枪就是其产品的代表作。M99 系列采用多齿钢性闭锁结构，非自动发射方式，即发射一发枪弹后，需手动退出弹壳，并手动装填第二发枪弹。该系列使用 12.7×99 毫米大口径勃朗宁机枪弹，必要时也可以发射同口径的其他机枪弹，主要打击目标是指挥部、停机坪上的飞机、油库、雷达等重要设施。

与同类武器相比，高精度是 M99 的最大亮点。从 M99 系列狙击步枪的用途和性能来看，足以体现巴雷特"重狙击之王"的称号了。

◆◆◆ 兵器简史 ◆◆◆

针对 M82A1 重量大的缺点，后来巴雷特公司又研究了 M82A1LW，即轻重量型 M82A1，比标准型的 M82A1 轻约 2.3 千克，上机匣和两脚架改为铝质材料，枪机和机框质量减轻了约 0.5 千克，枪口制退器和一些小零件改由钛合金制成品。在外观上最明显的标志就是轻型 M82A1 取消了原来的瞄准镜座，改为一条延伸至护木前端的 RIS 导轨，可以安装各类瞄准装置。

机　枪

　　机枪是一种全自动、可快速连续发射的枪械武器，最早仅适用于阵地战和防御作战，并且在第一次世界大战初期显现出前所未有的重要性。随着作战需求，机枪的种类和功能的不断增进，出现了轻机枪、通用机枪、重机枪以及大口径机枪等不同的类型。在现代战争条件下，颇具战斗力的机枪在战场上大显神威。

马克沁机枪 >>>

19 世纪以前,在世界战场上还没有真正使用过具有战斗力的武器,直到 1884 年,英籍美国人马克沁在前人研制活动机枪的基础上,首创了利用火药燃气能量完成枪械各机构的自动动作,试制出一挺枪管短后坐自动方式的机枪。从此,这一具有较强杀伤力的武器在近代兵器史上开辟了一个新纪元,也引领了世界战争自动武器的新时代。

机枪的雏形

1882 年,马克沁赴英国考察时,从发现老式步枪的后坐中具有的巨大能量,认识到能量产生于枪弹,发射时产生的火药气体,可以转化为武器自动连续射击动力。于是,他改变了传统的供弹方式,制作了一条长达6 米的帆布弹链,连续供弹。为给因连续高速射击而发热的枪管降温冷却,马克沁采用了水冷方式。由于成功地利用枪管的后坐力自动退出弹壳,又自动重新装弹入膛,其射速大为提高,达到 600 发/分以上。

↑ 早期的马克沁机枪

一个时代的结束

1883 年,马克沁首次成功地研制出世界上第一支能够自动连续射击的步枪,称为"马克沁机枪"。

从"马克沁"机枪中,人类第一次运用了复进簧、可靠的抛壳系统、弹带供弹机构、加速机构、可靠调整弹底间隙、射速调节油压缓冲器等机构。至今,专业的枪械研制人员依然遵循着由马克沁首创的火药气体能量自动射击三大基本原理——枪管后坐式、枪机后坐式和导气式。对于这一战争武器的突破性成功,英文版的《武器装备百科全书》指出:"它(马克沁机枪)的出现标志着一个时代的结束。"

热议"马克沁机枪"的威力

1887 年 4 月,马克沁来到俄国展示他发明的这种机枪,但他没有得到俄国军事当局的肯定,反而招来一阵冷嘲热讽。当时俄国一位很有影响的武器专家说:"一发子弹就能够杀伤一个人,当他毙命之前,还要连续

马克沁机枪原理：在子弹发射瞬间，枪机与枪管扣合，共同后坐19毫米后枪管停止，通过肘节机构进行开锁，枪机继续后坐，通过加速机构使枪管的部分能量传递给机枪，使其完成供弹机构，又在簧力作用下复进，将第二发的子弹推入枪膛，如此反复。

兵器解密

俄国制的 M1910 马克沁机枪

军队都感震慑的英勇的祖鲁人，在马克沁机枪的扫射下成片地倒下。

1916年6月，英法联军在法国北部的索姆河地区发动了一场攻打德军的索姆河战役。英法联军虽然人多势众，但是却在德国人的数百挺马克沁机枪下被打得溃不成军。索姆河战役在第一次世界大战中让马克沁重机枪一举成名，成了步兵最有威力的武器。

射击许多发，有这个必要吗？"这位专家接着还说："枪管可以冷却，但是水井是不能随身携带的。"美国人也同样认为一批训练有素的神枪手比架着机枪一通乱射更为重要，马克沁的发明是对军火的极大浪费。

1903年，马克沁和英国著名军火商维克斯对马克沁重机枪进行改进，简化结构，减轻重量，并使威力得到进一步提高，改名为维克斯机枪。当马克沁将一批维克斯机枪出售给了德军，这就为后来德国驰骋战场提供了有力的保障。

战场检验枪械的阵地

1879年，英国人发动了一场对祖鲁王国蓄谋已久的战争，切尔姆斯福德勋爵率领1.3万英国殖民军渡过图格拉河，向祖鲁王国大举进攻，然而英勇的祖鲁人成功挫败了英军多次的进攻。

于是，英国在1893年又装备了一种新式武器——马克沁机枪。令全欧洲国家的

名副其实的"绞肉机"

在第一次世界大战的战场上，美国的"马克沁""勃朗"机枪、英国的"维克斯""路易斯"机枪、法国的"哈其开斯"机枪等，都曾在战场上大显神威。

据英国人当时估计，在第一次世界大战中英军伤亡的80%以上是由机枪火力造成的。因此，它们被称作为"绞肉机""屠宰场""活地狱"，而第一次世界大战中所形成的阵地对峙的局面也不足为奇了。

兵器简史

马克沁后来还发明了一种可以单发、点射、调节射速以及自动连续发射的机枪，后来广为效仿。1891年，马克沁又成功地发明了一种运用复进簧、可靠的抛壳系统的导气式自动步枪，56岁时，以马克沁的名字命名的机枪后坐式自动手枪问世。从此，自动武器的领域大开。

> РПК-74式5.45毫米机枪的口径非常小
> 早期轻机枪被当做提供较强火力的步枪

轻机枪 》》》

最早的机枪都很笨重,在运动作战和进攻时很不方便,各国军队迫切需要一种能够紧随步兵实施行进间火力支援的轻便机枪;然而,如果从1851年世界上出现了第一挺轻便式的轻机枪算起,机枪的问世至今还不足150年的时间。但是在这短短的一百多年中,机枪的发明及其应用,却经历了两次世界大战,并立下了赫赫战功。

世界上第一挺机枪

世界上第一挺机枪是一名比利时工程师于1851年设计的,此人曾是法国拿破仑军队中的一名上尉军官。由于这挺枪是在

双联装布伦防空机枪。布伦轻机枪经过苛刻的测试,良好的作战能力使得它的使用范围十分广泛。

蒙蒂尼工厂监制的,因而定名为"蒙蒂尼"机枪。此种机枪当时还属手动机枪,使用硬纸壳制成的弹壳枪弹。该枪发明之后不久,法军又把它改为手动曲柄操纵、由25个击发装置进行击发的第一挺机枪。该枪曾在1870、1871年的普法战争中使用过,因故障太多,不久就从战场上销声匿迹了。

接着,直到1920年时,捷克枪械设计师哈力克在布拉格军械厂开始设计一种新型的轻机枪。第一支样枪称为布拉格一式,1923年哈力克继续改进他的设计,制出布拉格I-23型,至1926年开始正式量产,定名为布尔诺国营兵工厂26型,即ZB-26。

"布伦"轻机枪

由于轻机枪在战场上的使用便捷性,使它得到了长足的发展,从19世纪末开始,世界各国就逐渐出现了各类著名的轻机枪。例如,20世纪30年代英国和捷克合作设计生产的"布伦"轻机枪(也称布朗式轻机枪),就取代了第一次世界大战时期留下来的"路易斯"轻机枪,而成为后来第二次世界大战

轻机枪的构造比冲锋枪复杂，但有很多共同之处。它一般由枪管、机匣、枪机框、枪机、复进机、击发机、瞄准具、木托、脚架和受弹机等组成。轻机枪的主要特点是其体型比步枪、冲锋枪粗壮，重量较大，枪的前部装有脚架，扳机的后面有小握把。

中英联邦国家军队的支柱。这种枪基本上是根据捷克 ZB-30 轻机枪的设计，修改了口径和局部零件而成。BREN(布伦)这个名字的来源就是从捷克厂名布尔诺和英国厂名恩菲尔德各取前两个字母而来。它是非常可靠而且成功的机枪，在第二次世界大战中广泛地被英国部队使用。甚至到了战后，它改为使用 7.62 毫米×51 毫米 NATO 子弹，仍然一直服役到了 20 世纪 80 年代。

1895 加特林机枪

"加特林"机枪

处于战火中的世界各国，在武器装备上的要求越来越高。随着英、捷等国轻武器的发明使用，于 1861 年，美国人加特林研制出的 4 管集束管武器也应时而出，而且还逐步发展到 6 管、10 管。这种机枪曾在俄土战争中使用过，"马克沁"机枪问世后，它才逐步退出历史舞台。

由于"加特林"机枪是威力最大的枪，现经改良后每分钟可发射 3000 发子弹。正由于它的射速快、火力强，所以一经发明便在美国南北战争中发挥了很大作用。加特

兵器简史

早在 1901 年，意大利的吉庇比·佩利诺就曾研制出一种性能非常出色的轻机枪，在世界上处于领先地位。意大利当局下令不准生产"佩利诺"机枪，却订购大批性能低劣的重机枪装备军队。直到 1916 年，意大利军队在第一次世界大战中因缺少轻机枪而受重创后，才将其投入生产。

林对他的神奇武器的评价是："这种枪与其他武器相比，就像收割机与镰刀比赛一样。"而军事史家的评价是："机枪是美国建国以来第一个最伟大的发明。"

"轻机枪的自动原理

1892 年，美国著名枪械设计家勃朗宁和奥地利陆军中尉冯·奥德科莱克几乎同时发明了最早利用火药燃气能量的导气式自动原理的机枪，这种自动原理为今天的大多数机枪所采用。

轻机枪的工作原理为活塞长行程导气式，采用枪机偏转式闭锁方式，即依靠枪机尾端上抬卡入机匣顶部的闭锁卡槽实现闭锁。可选择单发或连发射击。轻机枪采用枪身上方装弹匣影响了射手的视线，其瞄准装置是偏出枪体的瞄准方式，虽然并不影响射击的精确性，但是影响了射手的视线。对于机枪手来说，良好的视线是非常重要的。

> 比利时BRG-15重机枪的口径非常大
> 重机枪的最佳口径是5.7-6毫米

重机枪 >>>

重机枪是最早出现的自动武器,被美、英等国称为"中型机枪"。它配备于步兵连,能长时间连续射击的机枪,其火力要比轻机枪大,能用火力压制敌人的反坦克武器,支援坦克的冲锋,进攻时能掩护部队进攻;防御时能封锁通道,击退进攻,以坚守阵地。并在 500 米内可射击敌人的飞机和伞兵。在战争年代,重机枪的作用是举足轻重的。

"大口径机枪"

重机枪,装有重型枪架,口径一般达到 12.7 毫米,部分型号为 14.5 毫米,又称"大口径机枪"。主要射击 2000 米以内的火力点、薄装甲防护的目标和车辆,可以分解搬运。一般为三人制或四人制组成机枪小组。它靠大容量弹链箱供弹,枪架可以调整为平射、高射两种状态,以便在战斗中能够更有利于压制敌人。而第二次世界大战中,大口径机枪曾是有效的防低空武器。目前,世界上装备的 12.7 毫米大口径机枪已由原来的以高射为主,转为以平射为主,14.5 毫米防空机枪则仍以高射为主的口径。

"软目标"打击能手

重机枪在各国的军队装备中都占据着很重要的位置,其中,"德什卡"12.7 毫米重机枪就是苏联军队中最著名的机枪。它是参照德国的德莱塞机枪设计而成的,在 1929 年,设计师捷格加廖夫接到设计大口径机枪的正式要求,他设计的 DP-27 轻机枪在 1928 年已经被苏联红军正式采用。捷格加廖夫在 1930 年设计成功了一种 12.7 毫米口径的大口径机枪,并命名为 DK 机枪,但因其弹鼓体积的笨大,造成战斗射速低,并且缺点众多。

🔊 T-55 坦克上的 DShKM 防空机枪

重机枪由枪身、枪架、瞄准装置三部分组成。枪身重15—25千克，长1000—1200毫米，一般可高射与平射两用，高射有效射程500米，平射800—1000米，战斗射速200—300发/分。重机枪的最大特点是有稳定的枪架和有效的枪管冷却方式，因此射击精度高，射程远，杀伤性较大。

兵器解密

直到1938年，另一位苏联的轻武器设计师斯帕金设计了一种转鼓形弹链供弹机构的被命名为DShK-38重机枪，被步兵分队广泛应用于低空防御和步兵火力支援，也在一些重型坦克和小型舰艇上作为防空机枪，因此，人称"软目标"打击能手。虽然它的机动性较弱，但12.7毫米口径可以在阵地战中提供无与伦比的火力，二战期间，德军可吃尽了它的苦头。

在第二次世界大战期间，美军在车辆载具，飞机和防御工事中广泛使用 M2 机枪。

M1919A4 和 M1919A6 式重机枪

第一次世界大战结束前，美国军械局意识到水冷式重机枪在坦克中占据了太大的空间，而且对快速挺进的步兵来说也太重了。第二次世界大战临近时，军械局待开发一种风冷式重机枪给步兵使用，这导致M1919A4式重机枪的产生。M1919A4式重机枪是美国军队的制式武器，也是美军在朝鲜战场上使用的主要重机枪之一。不过，它不能像水冷式那样长期维持同一水平的持续火力。

随着越来越多的美军部队参战，战场上的官兵们需求一种比M1919A4式轻、又比"勃朗宁"轻机枪更快射速的重机枪的呼声也越来越高。在这种情况下，M1919A6式重机枪诞生了。事实证明，它太累赘而不能满足战场上官兵们不断变化的要求。即便如此，该枪仍生产了4.3万挺。

重机枪的发展

重机枪在世界兵器史上的武器技术发展是突飞猛进的，它在发展的过程中逐渐产生了三个小兄弟：一个是轻机枪，另一个是通用机枪，还有一个是高射机枪。

由于现代战争对武器的机动性要求越来越高，在20世纪60年代初期，使用7.62毫米子弹的重机枪逐渐被通用机枪所替代。进入21世纪，机枪虽然在未来战场不会出现当年横扫千军的壮观场面，但机枪仍然是士兵手中不可或缺的武器。

兵器简史

"二战"期间，德国人在MG34机枪的基础上，研制出了MG42机枪。1959年，前苏联参照AKM突击步枪，加长、加粗枪管，改成RPK轻机枪，使其既像突击步枪的轻便灵活，又有接近轻机枪的点射精度和火力持续性。同时，美国人也研制出M60通用机枪。20世纪60年代后，比利时等国的小口径班用机枪应运而生。

> 77式12.7毫米重机枪是一种高射机枪
> KS-20式130毫米高射炮的射程很高

高射机枪 >>>

高射机枪是一种防空的自动武器，主要是对付低空飞机、伞降目标，群集起来和高射炮一起组成火网歼灭敌机的大口径机枪。在作战中，它还可以作平射，协同地面部队，压制敌人火力点，为步兵前进开辟道路，防御时掩护步兵转移。高射机枪主要装备于防空部队、步兵、海军等，用以保卫军事据点以及野战阵地。

"防御摧毁专家"

高射机枪是主要用于对空中目标射击，它由枪身、枪架、瞄准装置组成，主要用于歼灭距离在2000米以内的敌人低空目标；还可以用于摧毁，压制地(水)面的敌火力点，轻型装甲目标、舰船、封锁交通要道等，运动方式分为牵引式、携行式和运载式(安装在坦克、装甲车、步兵战车、舰船上)三种。

对于这种高射机枪来说，它除了用于战场上的防御和攻击，还可用来摧毁敌军坚固工事、仓库、集团敌军人马、各种车辆以及射击来自海上的敌人舰艇，制止敌人登陆部队登陆。因此，在实际战斗中它堪称是武器世界里的"防御摧毁专家"。

类型众多

高射机枪主要是用来对空射击的，针对空中的目标，特别是对低空飞机、俯冲机和空降兵等射击效果明显，不愧是兵器世界里的"对空猎手"。它一般分为单管、双管联装和四管联装等几种。

如今，高射机枪的武器装备中较多是，以12.7毫米单管与14.5毫米的12.7毫米的双联高射机枪为主。其中，12.7毫米的单管高射机枪，理论射速是每分钟560—600发战斗射速通常为80发；可用来射击1千米高度以内的低空飞机和超低空飞行的飞机，在1.6千米的斜距离内可射击空降兵。

14.5毫米的双联装高射机枪的战斗射

🔊 一把装在ZPU-1防空射架上的KPV高射机枪

高射机枪不仅成为防空武器系列中不可取代的重要装备，而且还能对地面、水面的目标射击。对1千米以内地面、水面轻型装甲目标、火力点、船舶和骑兵都有相当大的威力，一般由班长、瞄准手、诸元裁定手、装弹手组成机枪班、集体操作，在紧急情况下也可以减员操作。

兵器解密

速是每分钟300发，对航速不太大的飞机的有效射程为2千米。还有一种四联装高射机枪，战斗射速达到每分钟600发，主要用于歼灭低空机、俯冲机和空降兵。

高射机枪的发展

整个世界的高科技都在以突飞猛进的趋势发展，无论是武器还是飞机，在近代飞机的种类和数量大大增加，性能大大提高，特别是飞机的航速已超过音速好多倍，其装甲防弹性能的提高的同时。这就更加要求高射机枪具有较高的射速，较大的初速，较远的射程和较高的射击精度。

对于高射机枪射速提高的要求，完全是相对于近代飞机的航速大大的提高，造成高射机枪射击时，击中目标的弹头数量相对减少了，为了保证可靠的射击效果，机枪就必须在单位时间内发射大量的弹头，来保证增多击中目标的弹头数。所以，当高射机枪的射速相对较低的话，敌机就会在两发弹头之间顺利通过而不被击中，这就是兵器世界

◀━━━ **兵器简史** ━━━▶

在现代战争条件下，要求提高机枪的机动性和杀伤、侵彻能力。对于高射机枪的研发也了更高的要求。因此，各国的部队装备中，对原有的多种高射机枪其中，一些国家就在前苏联BYB14.5毫米等高射机枪的基础上进行重新改进，以及对其外形外观部分的处理，来完成其部分性能的优化。

里，要求高射机枪的射速尽量提高的缘由了。

КПВ14.5毫米高射机枪

КПВ14.5毫米高射机枪是第二次世界大战后，由苏联弗拉季米诺夫设计，并在50年代装备部队的大口径机枪，由于该枪可装在单管、双联或四联等多管联装枪架上，并配上光学瞄准镜，大大提高了射击威力。而枪架上装有的轮子，是为了便于用汽车牵引，机动性好。

为了提高射速，КПВ14.5毫米高射机枪装有膛口助推器。其双程进弹、单程输弹的弹链供弹方式，发射包括穿甲燃烧弹、穿甲燃烧曳光弹的苏联14.5毫米枪弹。后来，通过改变供弹机构中几个零件的位置，使得高射机枪能反向供弹，以便于多联安装。

◖ 高射机枪的发射速度

兵器
知识

纳粹屠刀－MG42 》》》

MG42 式 7.92 毫米通用机枪亦称轻重两用机枪，它不但拥有轻机枪的轻便灵活，紧随步兵实施行进间火力支援；而且还具备重机枪的射程远，连续射击时间长的威力。正是 MG42 式通用机枪具有的其他武器无法比拟的机动灵活性等优点，使其能够很快适应战场上的训练和补给，在第二次世界大战的战场上尽显其威。

MG42 通用机枪

第二次世界大战期间，是 1939 年由德国的格鲁诺博士在 MG34 机枪的基础上，又研制出了 MG42 机枪。该枪可作轻机枪使用，也可做重机枪使用。做重机枪使用时，安装在与 MG3 式机枪同一类型的简化枪架上。它跟其他第二次世界大战的优秀兵器一样，MG42 大量使用冲压组件，结构简单，性能之可靠还要胜过 MG34 一筹，在酷寒的苏联战场，MG42 是少数发挥正常的步兵武器之一。尤其是，格鲁诺在设计这挺机枪时大量采用了冲铆件，这样就大大地提高了武器的生产效率。因此，在第二次世界大战结束时，该枪已生产 100 万挺。

通用机枪的特点

MG42 这个德国陆军经典强权代表之一的特征就是在所有机枪中，它的射速最疯狂，可高达每分钟 1500 发。MG42 同时也是德国武器中难得证明其可靠性、耐用性、简单化、容易操作，以及成本低廉。MG42 另外一个特点就是它射击时发出的枪声噪音，而且还有着独树一帜"撕裂布匹"的枪声。

通用机枪使用两脚架时做轻机枪，使用三脚架时做重机枪。口径基本和轻机枪一致；由于采用弹链供弹，连续射击能力比轻机枪高，部分型号可以迅速地更换枪管，以保持

⬇ MG42 通用机枪.

MG42 的枪机包括一个枪机头、击锤套、枪机槽，一对滚轴，以及一个粗大的复进簧，这些组件负责将枪机推弹、退壳抛壳、重新进弹的全自动程序。MG42 采用反冲后坐操作滚轮式枪机进行枪支操作，以及短行程反冲后坐行程与枪口增压器加强枪机的运作速率。

连续射击能力。一般作为步兵连的火力支援，多数以两人制成机枪小组，可以提供 1 200 米内的火力支援。MG42 式机枪在实战中，就是逐渐根据 MG34 的生产能力的缺点进行改造，使其充分满足前线的需要。

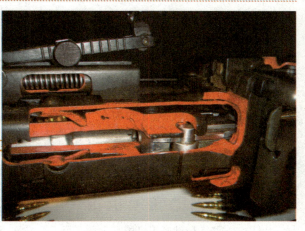

MG42 及 MG3 的滚轴式闭锁枪机系统

纳粹屠刀

MG42 是第二次世界大战中公认的最优秀的机枪，它为德军步兵提供了无与伦比的火力支援。德军在作战中，将 MG42 的威力发挥到了极致，当然，其消耗的弹药也是可观的。实战中的 MG42 主要负责压制牵制敌人，掩护战友或友军进攻，防卫阵地；因此，MG42 机枪在第二次世界大战中，为德国军队立下了汗马功劳。相应的，它无形中也成为了德国纳粹在世界犯下滔天大罪的"屠刀助手"。

战争结束以后，原联邦德国军队继续装备这款机枪，型号改为 MG3，一直列装到今天。MG3 在国际市场上非常走俏，目前列装 MG3 机枪的国家有十几个。

"三最"机枪

MG42 通用机枪的设计者叫格鲁诺夫。对于 MG42 通用机枪的出现，轻武器评论家评论它是最短的时间、最低的成本，但却是最出色的武器。后人据此戏称 MG42 为"三最"机枪。

由于第一次世界大战中，德国的失败被禁止制造重机枪，德国专家针对 MG34 进行了多项重要的改进，最终制造出 MG42 通用机枪。当 MG42 机枪采用简陋粗糙的金属冲压工艺制造技术成功制造后，并用于装备部队的时候，美英的枪械制造专家得知这个情况以后，就明白采用冲压技术的德军在机枪这个方面，已经远远领先了他们。在后来的实战中，也很好的证明了这点。

兵器简史

第二次世界大战以后，MG42 又被改款成为 MG42/59 以及后继机枪 MG3 以供国防军保家卫国，也外销外国并服役至今。MG42 的直系子孙最后一代是 MG74，由奥地利史泰尔 GmbH 研发，不过枪机的重量加到达 950 克，射速下降到 850—900 发/分。南斯拉夫获得授权生产 MG42 并改名为 M52，仍然使用直系的 7.92 毛瑟子弹，最大射程可达 5000 米。

> M1952 式机枪装有机械式瞄准装置
> M1952 车载型是没有枪托的变型枪

M1952 通用机枪 >>>

M1952 通用机枪在法国的机枪史上有着举足轻重的历史地位，是法国自主设计并装备部队的第一代通用机枪，它的出现，表明法国人与第二次世界大战前的机枪设计思想彻底决裂，其取代了 M1924/29 轻机枪，正是这一自由转换通用机枪在作战中所发挥的巨大作用，使其成为法军新的制式自动武器和各国军队装备必不可少的武器。

M1952 自动转换机枪

M1952 式 7.5 毫米通用机枪是一种既可做轻机枪使用，又可做重机枪使用的自动转换机枪。当武器本身装上轻型枪管、两脚架和枪托时做轻机枪；如果换上重型枪管，安装在美国的 M2 式三脚架上和法国产的联接头，就成为重机枪。而当它装上轻型武器的设备成为轻机枪时，法国又将该枪做作自动步枪使用。M1952 通用机枪在其功能使用上具有其他武器无法比拟的优越感，其一般配用的是 M1929 式 7.5 毫米×54 毫米枪弹，当其枪管换成 7.62 毫米枪管时，发射的是北约制式枪弹。

由此可见，整挺枪无论是机身还是弹药、枪管等都具有着充分的灵活性。正因为法国在二次世界大战中使用的这类大不相同的武器，而使其成为法军的班用自动武器。

➡ M1952 式 7.5 毫米通用机枪

研制背景

第二次世界大战结束后，法国在其军队装备上来自各国的美、英、德制的各种武器，比较杂乱也彰显不出军队特色，同时也给法军的后勤保障和弹药供给带来了极大的困难。一开始还不能体现出其缺陷，尤其是在 1950 年代越南反法战争中，因为其弊端在作战中极大地妨碍了军队的行动而凸显的淋漓尽致。为了解决这个问题，法国决定将部队使用的武器统一起来，借此提高部队的作战效率。M1952 通用机枪就是在这种背

　　M1952 式 7.5 毫米机枪的自动方式为半自由枪机(延迟后坐)式,其做轻机枪使用时,50 发弹链盒挂于机匣受弹口侧边。发射机构为连发式。枪管可迅速更换。机枪扳机护圈后面有一单支架,支撑在地面上,单支架可升降,夜间射击可用单支架进行微调。

景下开始研发的。

　　法国军事研发部门将多种不同技术体系的机枪种类融会贯通,于1948——1952年间研制出了多种机枪类型,就是在这一时期 M1952 便应运而出。

M1952 机枪问世

　　法国军事当局对军队装备武器研制给予大力的支持,于是多种机枪相继而出,其中最主要的有三种。其中一种虽然采用了新技术,但是生产工艺要求比较高,结构也比较复杂,价格昂贵,不太适合大批生产。

　　而另一种则是以第二次世界大战时期德国纳粹的 MG42 通用机枪为原型研发的武器,虽然其充分继承了 MG42 的操作简单,威力强大,通过自由更换不同的配件实现轻机枪和重机枪多种功能之间的转换,通过快速更换枪管实现持续射击。但由于其结构复杂、零部件多,加之法军军事技术的限制,在维修保养又颇为繁琐,生产和使用就显得困难重重。

　　直到法国查特勒尔特兵工厂生产出拥

装在勒克莱尔重型坦克车长机枪位置上的NF-1

有德国MG42大部分优点的通用机枪,而且在制作中还特别采用了一种半刚性材料,并改进了设计,使机匣、击发装置和保险装置结构更加的简化。

机枪的派生及发展

　　为了更广泛地适应军队的作战需要,真正体现各款原型枪的"通用"特点,M1952枪机的设计给其特别设计了能够使用弹链供弹、弹匣供弹或弹匣、弹链均可使用的武器装置。使其得到了充分的认可,并于1952年 8 月 22 日被批准装备部队。该枪曾经有很多不同的版本参与了试用,但是只有使用弹链供弹的 7.5 毫米口径的型号被保留下来。1962 年,又研发了一个北约 7.62 毫米口径的型号,被命名为AAN-F1 通用机枪,并迅速的被装备于部队。

　　M1952 在其漫长的服役生涯中,它还派生出了多种改良型号,形成了一个阵容强大、蔚为壮观的M1952 通用机枪枪族。

兵器简史

　　M1952 机枪在原理上,与1953 年的西班牙赛特迈突击步枪和瑞士 57 式突击步枪简单的机体结构非常相似,该枪的枪机主要由枪机头和枪机体两部分组成,而且其枪管弹膛局部开槽,供弹机构为弹链供弹,其机构类似 MG42 式机枪,用枪机能量带动,同时制造方便,成本低。

兵器知识

> ZB-26轻机枪是二战中一个经典之作
> ZB-26轻机枪的射速为500发/分

ZB-26 轻机枪 >>>

ZB-26轻机枪是捷克斯洛伐克布尔诺国营兵工厂在20世纪20年代研制的一种轻机枪。其所具有的结构简单,动作可靠,可连续射击,使用维护方便,射击精确的特点,使它不但在捷克斯洛伐克的独立以及建立国家的军工体系中发挥了重要的作用,而且在之后的世界历次战争中也成为了各国的军队装备中必不可少的武器。

ZB-26轻机枪的出现

1920年时,捷克枪械设计师哈力克根据另一位设计师杰兰的概念设计一种新型的轻机枪,并将其命名为布拉格一式,而这种机枪使用的是最早机枪马克沁机枪的帆布弹带供弹。后来却发现ZB-26轻机枪与有名的勃朗宁、麦迪森和维克斯机枪的水平不相上下。

于是,在1923年,布拉格二式A型的问世之后,哈力克继续改进他的设计,采用了伸缩枪托、两脚架、可迅速更换的枪管等功能制出了更加先进的布拉格1-23型。此型采用了伸缩枪托、两脚架、可迅速更换的

枪管等功能。不但射击精确,而且曾经在测试中连续射击数千发后,其精度没有大的变化,加上又是捷克本国设计,很快被捷克国防部选中,成为捷克军队的制式武器。

直至1925年11月,哈力克随后加入了设在布尔诺的捷克国营兵工厂,对前型机枪进行改进以后,形成了今天的ZB-26型轻机枪。

机枪构造

ZB-26轻机枪7.92毫米口径,发射7.92毫米×57毫米枪弹。该枪采用弹匣供弹,容弹量为20发。弹匣位于机匣的上方,从下方抛壳。这种枪的枪管外部有散热片,枪管上靠近枪中部有提把方便偕行与快速更换枪管,对于轻机枪来说,

◖ ZB-26轻机枪结构简单,动作可靠,在激烈的战争中和恶劣的自然环境下也不易损坏,使用维护方便,射击精确以外,只要更换枪管就可以持续的射击。

更换枪管的速度是非常重要的。

ZB-26作为班组轻型自动武器，使用提把与枪管固定栓可以快速更换枪管的设计，使它在使用上有了更大的弹性。步骤极为简单，只要将枪管上的固定环向上转，脱离闭锁的凹槽，即可向前脱出。之后反操作把新枪管换入，固定即可。

为了有效保持火力延续性，一般配备一个射手和一个副射手，大量弹药和备用枪管都有射击副手携带。熟练的射手在副射手的帮助下，更换枪管只需不到10秒钟的时间，每射击200发，需要更换一次枪管，如果射击频率慢，可以达到250发。

弹匣供弹

在轻机枪制造之始，多半使用的是装弹量有限的弹匣供弹，而没有足够的技术使用弹链供弹的方式来相应的提高作战水准。因此其提供持续火力的能力仍有限制，换弹匣的空挡会造成火力中断。就有可能使得在换取弹匣的瞬间造成射手的伤亡。

ZB-26轻机枪的子弹匣容量是20发子弹，对于轻机枪来说这样的容量显得装弹量过小。20发的装弹量在作战的时候，随时可能造成火力的中断。尤其是在换弹夹过于频繁，造成火力的中断次数过多的时候，对方往往会乘机冲锋打掉机枪。因此，射手经常会在还有三四发子弹时，更换弹夹。英军根据ZB-26轻机枪改进的布伦轻机枪就采用了30发弹夹供弹，火力的持续性增强了。但相应的整枪重量就大了。

ZB-26轻机枪的特点

ZB-26轻机枪结构简单、可靠性极强，尤其是在激烈的战争中和恶劣的自然环境下也可以使用自如，具有了重机枪所无法比拟的性能和优点。

再加上ZB-26轻机枪的价格较低，仿制相对比较容易，7.92毫米弹药又可以通用（捷克式机枪使用7.92毫米弹药就能产生极强的杀伤力）。这些特点使其成为军队装备中的必需武器。在战斗中，只需及时更换ZB-26轻机枪的枪管，便可以保持机枪射击的连续性，即能有效的弥补对火力的极端需求。尤其是它在二人的机枪组，大大提高了机枪实战性能。经过简单的射击训练就可以使用该枪作战。然而，ZB-26轻机枪采用枪身上方装弹匣影响了射手的视线，其

ⓐ ZB-26型轻机枪

实战中 ZB-26 机枪可以由射手平端着一边冲锋一边射击。对于抗日战争的中国军队来说，ZB-26 轻机枪是进攻和防守难得的利器，简直是完美的武器。

瞄准装置是偏出枪体的瞄准方式，虽然并不影响射击的精确性，但是影响了射手的视线。对于机枪手来说，良好的视线是非常重要的。

ZB-26 在中国

ZB-26 轻机枪精准的二三长短点射，只要被瞄准射击，无法躲闪。进攻时，ZB-26 轻机枪可以随着步兵迅速前进，不断提供及时火力支援。在实战中，射击手还可以平端着机枪一边冲锋一边射击。加上 ZB-26 轻机枪可以使用普通步枪子弹，弹药方面也不成问题。这对于当时在抗日战争战场上的中国军队来说，ZB-26 轻机枪是攻守作战中最完美的武器。

从 20 世纪 20 年代开始，中国购买和仿制 ZB-26 轻机枪以后，它就很快成为军队中步兵班排的绝对的火力支柱。正因为其在战斗中的优越性的凸显，使得中国出现了大批这种轻机枪的仿制品。根据捷克布尔诺工厂历史资料，ZB-26 轻机枪在中国的

抗日战争时期，中国军队用 ZB-26 轻机枪取得了一次次抗战的胜利。

仿制品估计超过了 10 万挺，其中，在抗日战争期间，除了中国的兵工厂大批量的仿制生产过 ZB-26 轻机枪，国民党军队还将它作为统一制式轻机枪。

抗战时期的 ZB-26

抗战前后期的中国在工业生产力和自发研究上都远远低于世界水平，但又由于作战上的需要，当时中国的兵工厂，大批量的仿造了 ZB-26 轻机枪。

在抗日战争战场上，重武器方面的配置中国军队和日本军就更是天壤之别。中国军队虽然也装备少量重机枪，但是日军配有很多步兵炮和掷弹筒等轻型火炮，一般中国军队的少量重机枪在战斗中很快就会被日军摧毁。因此，只有一种可以迅速转移阵地的武器才能满足军队作战的需要。这时，ZB-26 轻机枪自然就成为中国士兵手中的法宝。

在实战中，ZB-26 轻机枪与日军装备的轻机枪对射中占尽上风。如果不能确定将中国军队的轻机枪摧毁，日军一般会在冲锋时承受重大的伤亡。即使是装备较落后的八路军或者敌后游击队的 ZB-26 轻机枪，也让日军十分提防。

兵器解密

由于ZB-26轻机枪的弹匣在枪身上方中心线上，因此瞄准具往偏出枪身左侧安装。该枪瞄准装置采用由普通准星和蜗轮式缺口照门组成的机械瞄准具，拉机柄位于枪身右侧，在向后拉之后，进入待击状态，向前推回原位，射击时，拉机柄并不随枪机活动。

兵器简史

ZB-26轻机枪问世之后，以其独有的优越性，除了捷克军队外，还被装备于中国、伊朗、智利和土耳其等多国的军队。其中，ZB-26轻机枪的改进型ZB-33轻机枪，还被改进为英国的布伦式轻机枪。1938年德国占领捷克之后，将其改进型ZB-26/30也纳入制式武器之中。至第二次世界大战末期，ZB系列轻机枪停产。

ZB-26机枪的现代装备

ZB-26轻机枪一开始主要是用来装备捷克军队，后来逐渐外销其他国家，本国兵工厂共出口了大约12万挺各型ZB轻机枪。其中，中国、伊拉克、瑞典、土耳其等十多个国家，就采购了相当数量的ZB轻机枪。

随着ZB-26轻机枪在历次战场上所体现出的优缺点，军事当局对其做出了许多改进，ZB-27、ZB-30、ZB-33等型相继出现，例如，较典型的英国1933年制造的布伦式轻机枪就是由ZB-33型号改进而来的。ZB-26机枪轻机枪曾在第二次世界大战期间装备了中国军队，从1944年起，加拿大又通过租借法案，向中国提供大约40,000挺7.92毫米口径的布伦式轻机枪。

第二次世界大战时期，德国党卫军也曾大量使用过ZB轻机枪，在纳粹统治下一共生产了31204挺，直至战争末期此型机枪停产。

工作原理

ZB-26轻机枪的工作原理为活塞长行程导气式，采用枪机偏转式闭锁方式。即靠枪机尾端上抬卡入机匣顶部的闭锁卡槽实现闭锁。可选择单发或连发射击。扣扳机时，枪机向前运动，枪匣下方防尘片同时向前弹开，以供空弹壳向下抛出。在子弹推入弹膛之后，活塞杆和枪机座因惯性向前运动，因而打击枪机内的撞针，击发枪弹，此时枪机后端已由枪机座向上顶住枪匣，确实闭锁。当子弹通过枪管的导气孔，导入气体进入活塞筒推动活塞杆及枪机后退，此时枪机后端随底座的斜槽落下解锁，枪机继续后退，并拉出空弹壳，至弹膛末端时，退壳榫由枪机上的凹槽撞击弹底上缘，弹壳向下弹出。最后枪机会回到开膛待机状态，根据单连发选择钮，分别是开膛待击和重复上述的动作。

在第二次世界大战期间，ZB-26轻机枪发挥了巨大作用。

> M1919A4 机枪包括枪身、三脚架、弹药
> M1919A4 式机枪采用帆布弹链

M1917A1 机枪 >>>

M1917A1 机枪是因为第一次世界大战爆发而发明制造的一种重型机枪,尽管它参加了两次世界大战,但时至今日,仍无完全能够替代它的新机枪出现。正是它火力猛、动作可靠的特点,让其能长驻于兵器发展史上,今天的美国等军事强国的部队中,M1917A1 及其改进型机枪还在大量装备使用,也因此而使其成为了拥有悠久历史的军队装备。

M1917A1 式 7.62 毫米机枪

M1917A1 式 7.62 毫米机枪是一种老式的水冷式重机枪,设计者是著名的美国枪械师 J·M·勃朗宁,所以 M1917A1 又称勃朗宁 M1917A1 式重机枪。1910 年,在美国犹他州展出了第一挺样枪。由于第一次世界大战,此枪于 1917 年投入生产,到 1918

🔆 勃朗宁 M1917A1 机枪火力猛,动作可靠,但比较笨重。

年共生产 56608 挺。1936 年,对原枪进行了改进,正式定名为 1917A1 式。其机枪口径为 7.62 毫米,枪身重 18640 克(带水)、14800 克(无水),枪长 981 毫米,采用 250 发弹带,每分钟可发射 450—600 发子弹。

在第一次世界大战中,美国军事当局首先将 M1917A4 机枪装备在坦克上,之后又给予步兵使用,用以对步兵进行火力支援。后来,美国军械局意识到这一重机枪在坦克中占据了太大的空间,开始逐渐对其进行改进,产生了型号有 M 1919A4 式、M 1919A6 式等重机枪。

M1917A1 机枪的构造

勃朗宁 M1917A1 式 7.62 毫米机枪具有火力猛、型体比较笨重的特点,而且这种机枪利用枪机后坐能量带动拨弹机构运动,来完成弹带供弹的过程。它的枪管可以在节套中自由抽出,以有利于调整弹底间隙,而枪管的外套有用于冷却枪管的可容 3.3 升水的套筒的同时,还配有 1917A3 式三脚架。M1917A1 机枪在用于发射瞄准的部分,是

M1919A4式机枪是由M1917A1式水冷式重机枪的水冷方式改进为气冷，M1919A4的全枪质量大为减轻，既可车载又可用于步兵携行作战。外枪管有一散热筒，散热筒前有助推器。这种机枪在自身工作原理下，枪机与枪管共同复进，打击250发枪弹底火。

美国参加第二次世界大战时使用的M1919A4式机枪

比起来重量大幅度减轻。不过，它不能像水冷式机枪那样维持长时间持续火力。

珍珠港事件后，美国参加第二次世界大战，M1919A4逐步取代了大多数M1917A1，成为"二战"期间美国陆军最主要的连级机枪。直至大战结束后许多国家的军队还继续装备了一段时间。

可做横向调整的片状准星装置，表尺为立框式，可修正风偏。

因此，从勃朗宁M1917A1式7.62毫米机枪的外形以及内部构造上，就能够看出整个重机枪的制造原理和其在当时的条件下自身的无法克服的弱点。这也就是它后来被逐渐改造的原因。

M1917A1机枪的改进型

M1919A4式7.62毫米口径机枪是M1917A1式勃朗宁重机枪（水冷式）的改进型。第一次世界大战战后，在M1917式勃朗宁重机枪的基础上逐步推出了M1919系列机枪。首先是装备在坦克上的M1919和M1919A1，其主要是改进去掉枪管上外罩的水筒，改水冷为气冷。最终，军械当局决定，将M1917A1式水冷式重机枪改进，产生了M1919A4式机枪。

M1919A4式机枪是美国军队的制式武器。连三脚架在内该枪重约18.6千克，与重达42千克的M1917A1式水冷式重机枪

M1917A1机枪改进型原理

M1917A1重机枪在其自身的弱点被逐渐克服的情况下，产生的M1917A4重机枪，其实也是对基本的工作原理的改进。M1917A4重机枪与M1917A1式重机枪一样，采用勃朗宁的枪管短后坐式工作原理，卡铁起落式闭锁机构，整个机构比较复杂。枪机在后坐、复进过程中，完成一系列抛壳、供弹、推弹入膛、枪机与枪管的闭锁动作。

兵器简史

与M1917A4重机枪同时期的美军步兵班，在当时仅配有勃朗宁自动步枪，即著名的BAR，扮演轻机枪的角色，但它弹匣容弹量仅20发，严重地影响了火力持续性，其枪管不易拆卸和更换更是严重的缺陷，因为持续射击将很快烧蚀枪管，这些都决定了BAR不能提供足够的持续性火力。

兵器知识

> M60 弹膛采用钨铬钴合金制作衬套
> M60 发射北约 7.62 毫米枪弹

M60 通用机枪 >>>

M60 通用机枪是 20 世纪五六十年代世界四大著名机枪之一。在越南战争初期，M60 是唯一能压制越南士兵 AK-47 步枪火力的轻武器。除美军装备外，还有韩国、澳大利亚等三十多个国家军队使用它。很多人对 M60 通用机枪的了解仅限于知道它是"兰博"机枪，史泰龙在电影《第一滴血》中使用的就是 M60。

火力强大

M60 式 7.62 毫米通用机枪是美国斯普林菲尔德兵工厂研制的，设计工作起始于二次世界大战末期，经过 T44 式、T52 式、T61 式等多次改进，于 1957 年正式定型为 M60 式。除美军装备外，还有韩国、澳大利亚等

M60 的机匣、供弹机盖等大多数部件采用冲压件，重量轻且成本低，在 M60 枪内还大量采用减少摩擦的滚轮机构，因而射击振动较小。

30 多个国家军队使用它。据不完全统计，至今 M60 式机枪已经生产了 25 万多挺。

越南战争期间，M60 通用机枪在丛林战中充分发挥了其火力和机动性上的优势。在许多电影的画面中，"眼镜蛇"直升机从丛林上空越过，机上安装的 M60 机枪的弹雨从天而降，射进丛林深处，这成为空中机械化战争的真实写照。不仅如此，M60 在海湾战争和伊拉克战争中都有良好表现。

有缺陷的 M60

M60 也有一些缺点，主要问题是枪管升温快、更换枪管困难、活动部件不耐用等，而且 M60 作为搬用支援武器来说显得太重，一般安装在三脚架或车辆上使用，但作为重机枪而言，M60 的射速又太低，并且适应性一般，在风沙或潮湿的环境下很容易出故障。此外，M60 的许多零部件也存在脆弱易损、寿命短的问题，尤其是活动部件。

M60 C机枪采用导气式工作原理,枪机回转闭锁方式。其自身射速不高,而且采用直形肩托,射击精度较好。带两脚架做轻机枪用时有效射程800米,配三脚架做重机枪用时有效射程1000米。M60 C式主要供直升机使用,可遥控射击,目前已停止生产。

据说击针就很容易断裂,提把也容易损坏。

另外,由于M60的两脚架、活塞筒、准星也是固定在枪管上的,且不能进行调整,因此射手在重新射击时必须进行再次校正以配合新枪管,给射手增加了很多不必要的负担。

M60 式变型枪

为满足不同战斗部队需要,美国还研制了许多 M60 式变型枪,型号主要有 M60C式、M60D式、M60E1、M60E2式、M60E3式式等。其中的 M60E3 式是 20 世纪 80 年代应美海军陆战队对轻机枪的要求改进的,已于1985 年开始列装,现已装备两万多挺。

M60D 式作为直升机、装甲车载机枪,扳机装在枪尾部,配有D形握把,现仍生产。M60E1 主要是在外观上做了一些改进,M60E2 式是坦克与装甲车辆并列机枪,同M 60 式相比,枪管加长,采用电击发,去掉了握把、扳机、瞄准具和前托等。M60E3 式质量减到 8.8 千克,加有前握把,且平均无故障射击发数比 M60 式大大提高。

▲ M60E4 车载机枪

M60E1 机枪

M60E1 机枪是M60通用机枪的改进型,它主要在 M60 式基础上进行了简化设计,零部件数目减少,并且将提把装在枪管上,便于更换枪管。改进的目的是方便枪管更换和简化枪械结构。

M60 机枪的两脚架和活塞筒,装在机匣前方的活塞筒套管上,活塞筒改用U形卡固定气室,表尺上还增加了方向修正分划。

机枪的提把改装在枪管上,而原来M60的提把装在机匣上,更换枪管时不仅要戴手套而且要两个人操作,比较费事。受弹器盖改用压铸件,这样不但减少了零件,而且枪机在闭锁位置或待发位置均可盖上受弹器盖,而原来的 M60 只在待发位置才能盖上受弹器盖。而且,还将机枪枪身的弹箱挂架,改装成既可挂原来的弹箱也可挂改进的弹箱。

◄◄◄ 兵器简史 ►►►

M60C 机枪是为装备直升机改进的;M60D 机枪是为装在直升机舱门口、舰艇及车辆的活动托架上使用而改进的,枪身用销与作战平台连接,扳机改装在枪尾上,采用环形瞄具;M60E2 机枪是装在坦克和装甲车辆上的并列机枪,去掉了两脚架、握把、瞄具、扳机和护木等零部件,枪管加长,改用电击发。

> M1917 式机枪使用 7.62 毫米 M2 式尖弹
> M1917 式机枪最大射程是 3154—5029 米

勃朗宁系列机枪 》》》

1890 年，美国著名的轻武器设计大师勃朗宁设计出了世界上第一挺导气式原理的重机枪。随后，他又设计出好几种著名的重机枪、改造的轻机枪，人们将其统称为"勃朗宁系列机枪"。其中，被誉为机枪"终结者"的 M1919A6 轻机枪，以其独特性保证了在地面战斗中的地位，而 M2HB 则成为世界上使用最广、最成功的重机枪之一。

勃朗宁 M1919 系列机枪

勃朗宁 M1919 系列机枪的发展有着一段光辉的历史，其研制成功的过程就整整持续了 16 年。第一次世界大战结束后，著名的武器专家勃朗宁在 M1917 式机枪的基础上，去掉枪管上外罩的水筒，将水冷式改为气冷式，重量大幅度减轻，逐步推出了 M1919 系列机枪。比较著名的是 M1919A4、M1919A6。

↑ M1919A6 不仅能以两脚架状态射击，在必要时也可以像 M1919A4 一样以一个 "L" 形连接销通过机匣下方的连接孔安装在 M2 三脚架上，当做重机枪使用。

M1919A6 在 M1919A4 的基础上进行改进，枪身结构几乎一样，大部分零件可以互换，改进枪管套筒、两脚架、提把和枪托等零部件。虽然 M1919 系列机枪最终被 M60 通用机枪所取代，但约翰·摩西·勃朗宁设计的不够完美 M1919 系列机枪，直到 20 世纪 80 年代，仍是许多国家的军队装备。

M2HB

勃朗宁 M2HB 12.7 毫米重机枪产生于第一次世界大战期间，这种大口径机枪适用于地面野战、高射、机载和车载。自 1933 年经改进后再也没有大动过。历经两次世界大战，这种被戏称为"地狱夫人"的机枪至今已服役了风雨沧桑 86 载，成了当之无愧的武器中的"老寿星"。

M2HB 的火力十分强大，不但在火力压制上性能卓越，同时还可以凭借其强大的穿透力杀伤躲在建筑物里的敌方狙击手。由于其性能与威力实在不错，同时主要装备在军用车辆的车顶上，所以不但美军沿用至今，同时还出口到北约多国并服役至今。

第一次世界大战中,勃朗宁M1917机枪在进行试验时,令20000发枪弹顺利地"穿膛"而过,这是因为勃朗宁M1917机枪采用枪管短后坐式,让枪机与枪管共同复进中,完成一个自动循环过程,然后又在第二型机枪上采用了加长弹链,这样就完成了48分12秒的连续发射。

兵器解密

M1919A6轻机枪是在勃朗宁M1919A4重机枪的基础上进行了改造,而后者则是勃朗宁M1917A1水冷式重机枪的改进型,由于将水冷方式改为气冷,M1919A4的全枪质量大为减轻,既可车载又可用于野战,珍珠港事件后M1919A4逐步取代了大多数M1917A1,成为"二战"期间美国陆军最主要的连级机枪。

装在"悍马"军用车上的M2HB重机枪

在朝鲜战场上,美军曾尝试在M2HB重机枪上安装望远瞄准镜充当狙击步枪使用。这种"狙击步枪"在单发射击时可以轻易命中1000米左右的目标。在伊拉克战争中,无论在哪里都可以看到美军12.7毫米口径的M2HB型重机枪的身影,这种武器就装在"悍马"军用吉普或者装甲输送车M113的车顶上。

广泛应用

M1919系列机枪虽然有许多无法避免的缺点,但存在的优越性使其仍被许多国家的军队所使用。作为轻机枪,它的质量达14千克。而后来被装在主战坦克和直升机上的改进型则经受住了考验。仅在第二次世界大战中就有73万挺被投放市场,直至战后许多国家的军队还继续装备了一段时间。

即使在武器装备发展迅速的今天,久经考验的"勃朗宁"仍然在中东冲突中发挥余热。

重机枪到轻机枪的转换

第二次世界大战中,美军装备的勃朗宁M1919A6轻机枪。它是作为美军正式装备长达40余年的M1917系列机枪中的最后一种,也是最独特的一种,虽然存在诸多缺点,但仍算得上是一种较为成功的改型产品。作为对制式武器不断改进以适应多种用途的成功先例,M1919A6轻机枪对以后的M60和M16系列都产生了很大影响,至今仍为各国的枪械设计师们所借鉴。

兵器简史

1910年,勃朗宁在美国犹他州展出了他设计的第一挺样枪,但直到1917年该枪才受到军方的关注。因为美国从法国购买了3.8万挺M1915绍沙机枪,其在射击过程中极不稳定,且半圆形弹匣易损坏,在美军中口碑不佳。于是,勃朗宁的M1917机枪才得以一展才华。

> PK-74 的柱形消焰器利于提高隐蔽性
> 俄军轻机枪主要装备 RPK 和 PK/PKM

兵器知识

RPK-74 轻机枪 》》》

RPK-74 式 5.45 毫米轻机枪是目前口径最小的军用机枪。该枪由卡拉什尼科夫设计组于 20 世纪 70 年代中期研制成功，RPK 机枪是以 AKM 为基础发展出来的轻机枪，属于 AK-74 的变型枪，在 1959 年被苏军装备采用。其结构简单，动作可靠，在恶劣条件下，射击效能出色的性能特点，在东欧大部分国家的军队中很受欢迎。

RPK-74 机枪

RPK-74 全枪长 1.055 米，枪管长 591 毫米，空枪重 4.5 千克，理论射速 600 发/分，有效射程 600 米。RPK 机枪作为一种 AK-74 的变型枪，在许多设计特征却完全不同于 AK-74。RPK 机枪上主要是装有一根加长加重的枪管、一个可折叠的两脚架和一个射击时利于左手操持的枪托、可调风偏的后瞄具。它还配有容弹量为 45 发的玻璃钢塑料长弹匣，也可配 30 发弹匣，使用 5.45 毫米枪弹。RPK-74 可实施自动或半自动射击。它还有一个特点是与步枪零件互换率高。

PRK-74 机枪在延长的枪管上，还增大了枪口初速；增大弹匣容量以延长持续火力；配备有折叠的两脚架以提高射击精度；瞄准具上增加了风偏调整。

机型构造

木质固定枪托的 RPK-74 的枪管加长加重，因此弹头初速上升到 960 米/秒，此外还增加了一个轻型的两脚架。其他不同部分包括有加强的机匣和可调风偏的照门。RPK-74 的枪口消焰器也不同于 AK-74，上面有 5 个柳叶状的孔，形状类似于美国 M16 的鸟笼形消焰器。

RPK-74 采用了一种容量为 45 发的长弹匣，不过这种弹匣与原来的 30 发弹匣是完全通用的，因此 RPK-74 也可采用步枪的 30 发弹匣，而恐怖组织基地的首脑本·拉登公开的照片和录像镜头中就经常在身边放着一把装有

🔰 RPK-74 机枪

RPK-74轻机枪放弃了弹链供弹方式，改用弹匣供弹，而且弹匣规格和AK-47突击步枪完全相同，这样机枪手就可以直接使用步枪的弹匣了。采用弹匣供弹的最大缺点就是会降低火力持续性；优点则可使野外战斗的机枪手方便互换供弹具，也不易受外界因素的影响。

兵器解密

➡ RPK-74式5.45毫米轻机枪是目前口径最小的军用轻机枪

45发长弹匣的AKS-74U。另外卡拉什尼科夫还设计了75发装的弹鼓，但目前没有见过有RPK-74使用这种弹鼓。它的唯一缺点就是发射了5000发子弹后，可能会造成膛线的严重烧蚀。RPK-74于1970年代后期装备苏联军队，现在俄罗斯军队仍在使用，每个步兵班(10人)中都有一挺RPK-74。

机枪特点

RPK-74是班用机枪，它有两脚架辅助操作者稳定枪口，一般来说机枪只需要消焰器就好了，因为机枪长时间发射，枪口会产生很大的火球（枪口焰），会影响使用者的瞄准，只需要一个消焰器就好了。 轻机枪用两脚架射击，射手上半身的体重压住枪身，稳定性还可以，但是连续射击的枪口焰比较严重。

RPK-74发射AK-74的5.45×39毫米M74子弹，装有长、重枪管、两脚架、改进型

兵器简史

卡拉什尼科夫设计的AK-47/AKM突击步枪在各种恶劣的条件下故障率也很小，而且武器操作简便，连发时火力猛，再加上当时兴起的"枪族化"发展趋势。卡拉什尼科夫在AKM突击步枪的基础上发展出班用轻机枪，这便是后来享誉世界的RPK轻机枪的雏形，1959年，前苏联红军正式采用该枪，定名为RPK。

木质固定枪托，通用AK-74的30、45发弹匣及90发弹鼓。但由于枪管固定不能更换，RPK-74不能做长时间射击。而РПК-74式5.45毫米轻机枪发射的则是苏联5.45毫米普通弹和曳光弹。

PKM轻机枪

PKM是卡拉什尼科夫于1969推出的RPK的改进型，PKM配上三角架就可当重机枪用，其三角架是特柏洛夫设计的。该轻型三脚架大部分由构件由钢冲压而成，重量只有4.5千克，这种柔性枪架上没有任何缓冲装置，枪架直接与横向/竖向机构相连。

斯特柏洛夫轻型三脚架也很容易地在平射和高射两种模式之间转换。每只脚架都能折叠，方便携行，或在高低不平的地平时调整各自的高度。折叠携带时，三脚架很容易让一个人携带。与其他三脚架一样，斯特柏洛夫轻型三脚架也需要沙包以增大平衡性。

> 内格夫机枪的发射方式为单发和连发
> 内格夫机枪弹鼓内置150—200发子弹

内格夫轻机枪 >>>

内格夫轻机枪不但是作为单兵携行的轻机枪,还是目前以色列国防军的一种制式多用途武器,用于装备该国所有的正规部队和特种部队。内格夫轻机枪是在20世纪90年代初期根据以色列国防部要求陆军、空军和海军都采用内格夫机枪,并还要装备在直升机、巡逻舰艇和装甲车辆上,以代替北约标准的MAG58通用机枪而研制的。

内格夫轻机枪的标准型和突击型枪型。

底下的标准弹匣供弹,以半自动或自动方式发射。可用标准的弹链、弹鼓或弹匣供弹,可夹持射击和用两脚架、三脚架或地面、车辆上的架座进行射击。内格夫轻机枪可发射北约SS109式制式枪弹,更换枪管后也可发射美国M193式制式枪弹。

内格夫轻机枪

内格夫5.56毫米轻机枪作为一种多用途的武器,包括两种主要型号——枪管较长的标准型和枪管较短的突击型。标准型内格夫的枪管装备有一个瞄准装置安装AIM1/D基座,而使得这种机枪坚固耐用而且性能好,更加有利于机枪在战斗中充分的发挥其优势。

内格夫机枪除作为轻机枪使用外,也可作为突击步枪使用。作为突击步枪时,卸去两脚架,装上短枪管和弹匣,由它装在武器

机枪构造

内格夫轻机枪火力猛烈,在600米内射击效果很好,杀伤力强。枪托可以折叠,便于在狭窄空间内使用。缺点是重量较大,弹药对建筑物穿透力差。内格夫机枪属通用型,使用标准的枪管,枪托可折叠存放或展开。内格夫长枪管为460毫米/短枪管330毫米,还可配长枪管,长为1020毫米;枪管寿命可达17000—20000发,枪重7.2千克,

在以色列国防军中使用的内格夫突击型多数都配备有前握把，而没有使用标准型的两脚架，虽然内格夫两脚架上专门包了一个塑料护套用作充当前握把时方便握持的，但专用前握把在无依托射击时效果更好，前握把在需要火力压制时能应急支撑武器。

武器时，用于增大导气孔的气体流量的，而且射速还可达800—950发/分；还可以通过调节切断导气孔，用来发射枪榴弹。

以色列军队配备"内格夫"

目前标准型的内格夫被常规部队和特种部队使用，而突击型只配备到少数特种部队。然而，沙漠战场上的战斗环境通常都比较开阔，而较长的枪管在远射程上的精度更高，因此即使在特种部队中最常用的还是内格夫标准型。

作为单兵携行的轻机枪外，内格夫机枪设置于车辆、飞机和船舶上的专用射架时，使内格夫成为一种多用途武器。但是由于预算的原因，以色列国防军目前仍在使用原先性能不及内格夫的MAG58用作坦克、装甲车、直升机、舰艇等各种平台上的火力支援武器，因此，内格夫主要还是装备步兵分队。不过也有许多以色列的特种部队在渗透侦察用的小型车辆上安装内格夫。

除作为轻机枪使用外，内格夫机枪卸去两脚架，装上短枪管和弹匣还可作为突击步枪使用。

内格夫以弹链及弹匣供弹，并配有塑料套的两脚架及M1913皮卡汀尼导轨。

供弹方式是用3发弹匣或弹链、弹鼓供弹，发射5.56毫米北约SS109枪弹，更换枪管后可以发射美国M193枪弹。该枪可方便迅速地分解成包括两脚架在内的6个组件，瞄准装置由可调高低与方向的柱形准星和觇孔照门组成，并配有带发光点的折叠夜视瞄具，机匣上设有多种类型的瞄准镜座。小握把握持舒适，枪托中空，射击稳定性较好。

轻机枪特点

在外形和结构原理上，内格夫轻机枪采用导气式工作原理，枪机回转闭锁方式，同样也是开膛待击，也能够使用弹链或弹匣两种方式供弹。内格夫机枪可以迅速分解成6个大部件，柱形准星和觇孔照门都可调整高低与风偏，并带有氚光照明的折叠夜视瞄准具。

气体调节器可以根据3个调整位置的不同，将机枪射速自由调整为650—800发/分；在实战中长时间射击后而没有及时擦拭

兵器简史

内格夫突击队轻机枪，是以色列研制的作为班组支援武器的内格夫轻机枪的短型变型枪。该枪不能使用突击步枪的弹匣，而是用金属弹链供弹，发射5.56×45毫米枪弹。除了两脚架之外，机匣下面的垂直握把及帆布制的弹箱都是标准装备，利用独立的垂直握把可实施行进间射击。

伯莱塔 AS70/90 式轻机枪 >>>

> **伯** 莱塔 AS70/90 式 5.56 毫米轻机枪是一种班用自动武器,是在保留 AR70 式 5.56 毫米步枪基本结构的基础上做了一些重要的改进。伯莱塔 AS70/90 式轻机枪全枪的零部件总共只有 105 个,而且其中的 80% 的零部件还可以互换,易于分解和结合,具有坚固耐用、可靠等优点,而成为了意大利军队中的举足轻重的轻机枪装备。

AS70/90 的创制背景

20 世纪 80 年代初,意大利的伯莱塔公司根据意大利军方对新枪的要求,决定对已装备的意大利特种部队的 AR70 式 5.56 毫米步枪进行改进,在其基础上对其在功能技术等方面进行的一些改进,便产生了型号称之为 AR70/90 式 5.56 毫米的突击步枪。通过反复的实验和鉴证,确定了这一轻机枪完全能够胜任于改过的军队装备。于是,在 1990 年 7 月,伯莱塔 AS70/90 式 5.56 毫米轻机枪装备于意大利陆军。

以伯莱塔 AS70/90 式 5.56 毫米轻机枪作为基型枪的基础上,还派生出了 SC70/90 式卡宾枪、SCS70/90 式短卡宾枪和 AS70/90 式轻机枪等三种变型枪。

机枪的工作原理

AS70/90 式轻机枪采用导气式工作原理,枪机回转式闭锁,开膛待击,由 30 发弹匣供弹。枪机上有两个闭锁突笋,活塞筒在枪管上方。活塞筒与气体调节器固定在一起,气体调节器有三个位置:打开时为正常位置,再打开为恶劣条件下使用的位置,关闭时为发射枪榴弹的位置。

AS70/90 式轻机枪的枪管比 AR70/90 步枪的枪管重,不能快速更换,它配有金属护木和兼作提把的桥式瞄准具座。膛口可发

装备了钢制折叠枪托的 SCP70/90 的女伞兵

70/90 系列步枪也有卡宾型、特种卡宾型枪和轻机枪型等型号。基本型 AR-70/90 突击步枪采用固定塑料枪托，SC-70/90 卡宾枪采用折叠金属枪托，主要装备特种部队；SCP-70/90 短卡宾枪采用短枪管和折叠金属枪托，主要装备装甲部队、特种部队和空降部队。

兵器解密

射枪榴弹（发射器与步枪上的不同）。枪托的设计很不寻常，装有肩托，便于肩部支撑，长方形孔槽便于不扣扳机之手牢牢握持。机枪采用铰接的两脚架，可调节。

结构及其特点

伯莱塔 AS70/90 式 5.56 毫米轻机枪的机匣由钢板冲压而成的梯形机匣，钢制枪机导轨焊接在机匣壁上。机匣上部的提把由弹簧锁扣夹紧。卸下提把，在楔形机匣盖上部安装光学瞄准镜或光电瞄准具。

标准型击发机构可进行单发、连发和 3 发点射，还可选择只能进行单发和 3 发点射的击发机构。不过，3 发点射机构也可以去掉，而换上只能进行单发和连发射击的机构。扳机护圈的下部可折叠，便于戴手套射击，射击完毕后，再卡在小握把前端处。弹匣为 30 发弹匣弹匣卡笋为按钮式，携行时，可以把弹匣很快卸下来。

AR70/90 式 5.56 毫米突击步枪

意大利伯莱塔 AS70/90 式 5.56 毫米轻

配备伯莱塔 AR70/90 步枪的意大利士兵

机枪是在 AR70/90 步枪的基础上创制而成，主要装备常规步兵。所有的 AR-70/90 步枪为 70/90 系列机枪的基本型，以及其他的改进型 SC-70/90 卡宾枪和 SCP-70/90 短卡宾枪的工作原理的导气装置是在原有的 AR-223 系列雷同的长行程导气活塞式，活塞杆通过拉机柄与机框连接在一起，复进簧也是绕在活塞杆上。但它的导气箍上的导气量调整装置，可调节两个位置。

其中，AR-70/90 系列的发射方式有单发、3 发点射和连发三种模式。在 AR-70/90 系列步枪的机匣两侧都有保险/快慢机柄。AR-70/90 步枪的附件非常多，包括刺刀、可拆卸的轻合金两脚架、空包弹助推器、提把等。

特种轻武器

　　为了满足军事装备中的不同需要，实现不同的作战目的，枪械家族中又出现了特殊的非常规枪械——特种轻武器，包括霰弹枪、防暴枪、手榴弹、喷火器及火箭筒等。它主要被用于暗杀、防卫和收藏，由于其用途特殊，结构差异大和仿真伪装物，其有隐蔽性好的特点，而被各国军事、安全、情报、警察部门和各种特殊组织及个人所使用。

霰弹枪的口径一般达到 18.2 毫米
军用霰弹枪全枪长不超过 1.1 米

霰弹枪 >>>

霰弹枪，又称为猎枪、滑膛枪和鸟枪，是一种无膛线(滑膛)并以发射霰弹为主的枪械，其具有较大口径和粗大的枪管，外型、大小与半自动步枪相似。现代军用霰弹枪所具备了突击武器火力猛烈、射击准确等特点，既可用于近战，尤其是街市巷战和建筑物内的战斗，又可用于要求密集、饱和射击的伏击战和反伏击战，其战术使用价值日趋增强。

霰弹枪的雏形

霰弹枪的问世，是在1690年美国军队装备的滑膛前装燧发枪面世后不久应运而生的。可以说，燧发枪就是它的最早雏形。

起初霰弹枪是无膛线的鸟铳，虽有膛线的早期前装散装弹药的步枪精度较好，但每次重新装弹都比滑膛枪慢，所以军队仍然是以滑膛枪为主力。但到了18世纪后膛步枪

和19世纪定装弹药的出现，所以不论有无膛线对装弹也没有关系。滑膛枪才退出制式武器列装，而专用来发射霰弹的霰弹枪才出现，而且只限于用来射击快速移动，鸟类、定向飞行泥碟靶等空中目标。

军用霰弹枪

军用霰弹枪是一种在近距离上以发射霰弹为主杀伤有生目标的单人滑膛武器，又被称为战斗霰弹枪，特别适合于特种、守备、巡逻和反恐怖部队在防暴行动、突发以及近距离的战斗中使用。

从17世纪中期开始，世界上的许多国家都相继装备上了霰弹枪，而且其在两次世界大战中也发挥了重大的作用。在第一次世界大战中，由于手动步枪比同期的手枪射速太慢而不

常见的霰弹枪，可分为狩猎、竞技、军事及维持治安用途。

因为霰弹枪的大口径可以用来发射各种非致命性弹药,包括鸟弹、催泪弹等,并能产生极大的枪口动能,亦可发射低初速极大的口径的高能量实心弹头,可用来破坏整道门、窗、木板或较薄的墙壁,因此,成为各国警察必备的制式装备之一。

兵器解密

兵器简史

初始的霰弹枪主要是用滑膛枪管同时发射多数弹丸的方式,而且只是用于打猎的猎枪,所以在霰弹枪在欧洲的普及率并不高,而美国的军队和警方却最早将霰弹枪作为武器大量使用于西部开拓时期的治安管理中,这对现代美国警用装备带来了深远影响。

太适合堑壕战,军队需要一种可以手持着冲锋或防御阵地的枪械。而霰弹枪由于适合近距离遭遇战、堑壕战,在军队作战中被广泛使用。历经第二次世界大战时期的霰弹枪也曾发挥了重要作用。其中,美国驻太平洋诸岛的海军陆战队在武器装备不足的情况下,使用民用霰弹枪击败了日军的夜间袭击和密集进攻。正因为霰弹枪在战场上所发挥过的重大作用,使其在第二次世界大战以后,对其进行了不断地改进,而得到了长足发展。

结构特点

现代军用霰弹枪的外形和内部结构与现代的突击步枪相似,枪体自由滑膛枪管、自动机、击发机、弹仓、瞄准装置以及枪托、握把等部分组成。按装填方式多属于半自动霰弹枪和自动霰弹枪,它的供弹方式为泵动弹仓式、转轮式、弹匣式三种。

军用霰弹枪主要发射集束的霰弹弹丸。枪管内膛由锥度连接着的弹膛、滑膛及喉缩三段组成。弹膛容纳霰弹,滑膛为霰弹弹丸

加速运动区段,弹丸在此受集束作用飞出枪口,以增加射击密集度和射程。

而种类众多的霰弹枪又会给人体带来不同的创伤,一个独头弹在人体造成的创伤是较大宽度和深度的"永久性受损组织空腔",而多个小弹头造成"贯穿伤"或"浸润伤"的创伤。

MPSAA-12自动霰弹枪

AA-12霰弹枪是美国的一款拥有极强的近战能力的自动霰弹枪,配有22发和32发的弹鼓,在中等距离上也能发挥出压倒性的实力。

AA-12是长行程导气活塞式原理、摆动式卡铁闭锁、开膛待击、长行程后坐距离,在新枪上,杰里·巴伯儿运用了他们最擅长的技术,主要部件为不锈钢精密铸件。射速为300 RPM的AA-12,在连发射击中后坐感极低。除了枪声较大外,AA-12发射12号霰弹也很轻松,甚至单手射击也没有问题。

MPSAA-12自动霰弹枪

> 防暴枪使用时的缺点为坐力和重量偏大
> 防暴枪子弹具有反弹射击的特殊用法

防暴枪 >>>

防暴枪是一种主要用于杀伤近距离目标,制服暴徒或驱散骚乱人群的单人用武器。警用防暴枪由于能发射霰弹、催泪弹、致昏弹等低杀伤性弹药,一直是世界各国警察、治安和执法部门使用的主要防暴武器。其中,霰弹枪适用于近战和密集射击的反伏击战的特性,使其也成为一种特殊的防暴枪。

防暴枪与军用枪的区别

防暴枪与军用枪之间的区别最主要的是弹药区别,防暴枪初速在200—360米/秒,以制动为主。军用枪初速660—1200米/秒,主要用于杀伤目标。防暴枪还有驱赶、染色、捕捉功能,且初速仅为240米/秒,而军用手枪的初速达360米/秒。

其实,防暴枪就是使用非致命性弹药的霰弹枪,它的主要目的是非杀伤,以威慑为主,所以防暴枪中大口径武器比较多。在使用当中一般不会致命,而且打击部位也只是在腰部以下。但近距离达到要害,也能致命。而普通的军用枪,发射的都是致命的金属子弹,而其中一般的军用霰弹枪,除了长度不同之外,也能作为防暴枪使用。

防暴枪弹的结构特点

防暴枪配用的弹种有杀伤弹、动能弹、痛块弹和催泪弹等不同的类别。例如97式18.4毫米防暴枪中所使用的具有有效射程为50米,长65毫米,全弹重43克的杀伤弹;其同型号的动能弹为非致命弹种,作用距离35—100米,35米处弹丸动能小于28焦耳。全弹长65毫米,全弹重24克;痛块弹为非致命种弹,作用距离35—100米,全弹长65毫米,全弹重18.7克;催泪弹该型产品使用CS型催泪剂,弹头可以在50米距离内击穿普通窗玻璃打入室内,全弹长65毫米,全弹

🔴 防暴枪为平息骚乱,稳定社会秩序发挥了有效的作用。

防暴枪子弹是用高强度塑料做弹身,下部分是铜制底火,根据用途和型号装上弹药,上部分装填弹丸。如果打猎、体育比赛或者练习使用细小的弹丸,实战用直径7.62毫米的铅丸若干,还有作为远射为目的的单个铅弹头,且防暴枪的命中率极高。

兵器解密

重21.7克。

由于这一防暴枪的设计合理、性能先进、作用可靠、使用方便的特点,其还被正式装备军队、用于执法、保安押运、边防警察及其他特警等。

警用防暴武器

长期以来,警用武器一直是从军用制式武器中选用出来,被大量装备于公安及武警部队,对维护社会治安却是也起到过一些作用。但因军用制式武器所具有弹头动能高、威力大、杀伤性强等特点,因此许多场合下不但不能随意使用的,甚至还会伤及无辜。

随着社会安全维护及对警用武器的需求,世界许多发达国家的防暴武器,都得到了迅速的发展,而且品种、规格十分齐全。

如今,各国警务人员更为普遍使用的是一种具有应用广泛、适应性强的特点的警用防暴武器。这些防暴武器装备还被配用上了催泪弹、染色弹、防暴动能痛块弹、防暴动能霰弹、催泪枪榴弹及杀伤霰弹,用于近距离内制服隐蔽在建筑物内的暴力犯罪分

防暴枪正朝着增大射程、改善精度与终点效能、满足使用要求的方向发展,使其成为一种较理想的近战突击快速反应武器。

子,以及驱散非法聚众的骚乱人群。

发展趋势

为了满足未来战场环境和作战对象复杂多变的需要,提高霰弹枪的战斗力,就必须开发出多种新型的弹药系列以及通过更换枪管、拆卸枪托的方式发射不同口径的弹药,例如美国的步枪与霰弹枪合一的武器,就是霰弹枪最新发展的一个方向。

同时,为了适应不同的需要,防暴枪及其弹药的发展要求多样化,既可发射低杀伤防暴弹,又可发射远程侵彻弹、动能弹和手榴弹,还可以及发射信号弹和照明弹等。

兵器简史

无杀伤力防暴的霰弹枪的发明及应用,就经历了漫长的历史推进过程,自1690年出现至17世纪中期以后,世界各国相继装备上霰弹枪。20世纪50年代,马来西亚警察部队将霰弹枪引入了军事领域,作为反伏击战的武器。70年代以后,军用霰弹枪才作为较成熟的中程弹药被使用。

兵器
知识

榴弹发射器 >>>

榴弹发射器是一种发射小型榴弹的轻武器。其以体积小、火力猛和较强的杀伤威力、破甲能力的特点，致力于毁伤开阔地带和掩蔽工事内的有生目标及轻装甲目标；同时也为步兵提供火力支援。正是由于榴弹发射器在现代战场上所发挥的独特作用，使它不但在与其他轻武器的竞争中脱颖而出，而且还被广泛地应用于军事装备和作战中。

发展历史

16世纪末期，最早的榴弹发射器首次出现，但之后的发展却很缓慢。直到第一次世界大战，才出现了发射手榴弹的掷弹筒。至第二次世界大战末，德军在信号枪上加装折叠枪托，抵肩发射小型定装式榴弹，榴弹发射器的发展逐渐走向成熟。

20世纪60年代初，美军使用了M79式40毫米榴弹发射器，外形与结构很像猎枪，士兵将其称之为榴弹枪，其初速为76米/秒，最大射程400米，弥补了手榴弹与迫击炮之间的火力空白。

🔻 19世纪的榴弹发射器

20世纪70年代以来，出现了各种与机枪相似，并能够装载于车辆、舰艇、直升机上的自动榴弹发射器。随后，世界各国的军事装备还相继利用弹射原理，研制出了多种新型榴弹发射器。

榴弹发射器

榴弹发射器，因其外形和结构酷似步枪或机枪，通常称之为榴弹枪或榴弹机枪，而且有些榴弹发射器与迫击炮相似，也称为掷弹筒。其外形、结构和使用方式大多像步枪和机枪，口径一般为20—60毫米。

其作为一种采用枪炮原理发射小型榴弹的短身管武器，榴弹发射器按使用方式，可分为单兵榴弹发射器、多兵榴弹发射器和车载榴弹发射器；按发射方式，可分为单发榴弹发射器、半自动榴弹发射器和自动榴弹发射器三种类型。

榴弹发射器的发射原理是：发射药直接装在药筒内，击发后火药气体推动弹丸运动

自动榴弹发射器，也称为榴弹机枪或连发榴弹发射器，它能自动装填并实施连发射击。其突出特点是射速高、火力密度大，战斗射速为100发/分左右。但因发射器以及弹药系统质量高达45-65千克，故机动性较差，多采取机载、舰载、车载使用或步兵战斗小组多人使用。

做功的常规发射原理；高压燃烧、低压膨胀做功的高低压发射原理和发射时无声、无光、无烟，具有良好隐蔽性的瞬时高压原理。

自动榴弹发射器

自动榴弹发射器，又称自动榴弹铳，是步兵部队的装备时间较短的一种新型武器，1990年代末，开始装备于军队。20世纪70年代，中国最早是从小型榴弹发射器研究，通过仿制美制M79和苏制AGS-17榴弹发射器及其弹药，为日后本国研究和创制自动榴弹发射器积累了经验。于80年代初，就自行研制出了有中国特色的榴弹发射器，即QLZ87式35毫米自动榴弹发射器。

QLZ87式35毫米自动榴弹发射器，是一种集直射与曲射，和杀伤与破甲于一体的步兵自动武器。其轻、重两用型发射器被装在三脚架上以重型使用，为步兵火力分队和战场上的作战车立下了汗马功劳。

M79榴弹发射器

1950年之后，美军做出一个旨在提高

⊙ M79式40毫米榴弹发射器。M79是采用单发射击、单发装填的肩射型武器。

步兵火力及比枪榴弹更远的抛射爆炸力的武器计划，而研制成的一种外形类似霰弹枪的单发榴弹发射器，即M79榴弹发射器。M79它有着大型枪膛的设计，并且采用单发射击、单发装填的肩射型武器，其采用折开式的枪机设计，在弹药上膛时把枪管后部打开后，将40毫米榴弹装入后再将枪管折回原处射击，它可以稳定的朝200米以外的目标射击。

M79榴弹发射器首次出现于越战中。它能够发射许多种不同用途的40毫米榴弹，包括高爆弹、人员杀伤弹、烟雾弹、鹿弹、镖弹、照明弹和燃烧弹。并且在越战之后，M79的成功使用，使得火力密度更为猛烈的M203榴弹发射器出现，但即使如此，M79榴弹发射器仍然是美军的制式武器。

> **兵器简史**
>
> 最早在第二次世界大战期间，德军改装27毫米信号枪并配以相应的榴弹，制成了一种大口径战斗手枪，这就是榴弹发射器的雏形。至20世纪50年代，美国生产出一种M79式40毫米榴弹发射器。1960年初，正式定型第一个40毫米×46毫米SR制式榴弹M406高爆杀伤弹。次年M79式就被正式装备于军队。

> 车载式喷火器的射程可达200米左右
> 美国M202式堪称当代最佳火焰武器

喷火器 »»

喷火器是一种喷射火焰的近距离攻击武器，又称火焰喷射器。它主要被用于攻击火力点，消灭防御工事内的有生力量，杀伤和阻击冲击的集群步兵。喷火器所喷出的燃烧液柱能够跳跃、飞溅，甚至可以拐弯，而且其燃烧会消耗大量的氧气和产生有毒烟气，能使工事内的人员窒息，因此，在山地、岛屿等作战中，喷火器可以发挥更大作用。

现代喷火器起始

第一支现代喷火器是由德国人R·菲德勒于1900年发明的。现代喷火器有机械喷火器和单兵喷火器，主要由油瓶、压缩装置、输油管、点火装置和喷火枪组成。然而，通过对菲德勒的喷火器过于笨重，携带不便，射程太近，威力也不够大等缺点，进行了多次改进以后。于1912年，德军装备了携带式喷火器，并成立了由48名专职消防兵组成的喷火分队。这是世界上最早正式装备喷火器的部队，也是世界上第一支喷火兵分队。

而在第一次世界大战的战场上喷火器首次出现，随后各国都开始研制和装备喷火器。喷火器曾经在第二次世界大战中发挥了一定的作用，所有参战国都广泛使用了轻、重型喷火器。

以色列1948年生产的火焰喷火器

现代喷火器

现代喷火器存在着多种多样的设计模式，它们各具特色，性能也不尽相同。喷火器按发射动力原理，也可分为压缩气体式喷火器与火药式喷火器。前者采用压缩气体做压力源，优点是出油量可以控制，只要有压缩气体供应，不必频繁拆瓶装药，但射程会受压力源气体压力大小的影响，且后勤供

兵器解密

喷火器的原理：以油瓶内火药迅猛燃烧所产生的大量气体，作为油料喷射的动力，再将油瓶内的油料压出，经软管流至喷枪，枪口的油料点火管与扳机接通发火，将油料点燃喷射出去；之后，很多国家在坚持传统的液柱式的基础上，进行大力改进。

应有时会遇到困难；后者采用火药燃烧产生的高压气体做压力源，压力恒定，且操作简便，射程较远，但会造成油量的无法控制。

自20世纪70年代以来，美苏等国家发展的一种具有射程远、质量小、发射速度快等优点的火焰弹式火焰武器。例如，美国的M 202式喷火器和苏联PПO–A式喷火器。

POKC 式喷火器

1939年，苏联对沙皇俄国之前所生产的一种T型喷火器进行了改进，产生出POKC–1式喷火器。但在使用的过程中，POKC–1式存在点火器不完善、减压阀作用力小、射击协调差等缺点。为了能够克服其缺点，在此基础上予以了改进，于是产生POKC–2式喷火器。然而其装备时间在不足两年以后，被POKC–3式所取代。

POKC–3式喷火器将POKC–2式扁平形油瓶改成圆柱形，由油瓶、压缩空气瓶、减压阀、输油管、喷枪和背具等部分组成，但其连接油瓶和喷枪的油料通道的输油管，在使用的过程中时常会产生破裂的状况，而成为该喷火器的一大薄弱环节。它在第二

美国海军在越南战争时使用的火焰喷射器

次世界大战中发挥了很大作用，服役时间也较长，一直到20世纪50年代末尚在一些国家服役。

现代军队装备

世界各国军队因为在其战术及装备对喷火器的需求的差异，因而装备情况也各不相同。目前，世界各国装备的喷火器主要是以便携式喷火器和车载式喷火器两种类型为主。其中，美国的M2A1–7式、法国的58式、巴西的LCT1M1式和苏联的PПO–A式喷火器就属于便携式喷火器；而车载式喷火器主要有美国的M67A1式和M132A1式，苏联的TO–55式车载喷火器等。

而苏联喷火器部队中还特别编制了喷火营，陆军步兵师有喷火连。另外，苏军喷火坦克与美军机械化喷火器部队基本上均供不同编制的部队使用。例如美军连级机械化喷火器小组主要用来支援师级或军级的部队作战。苏联的喷火坦克常混编在坦克营或坦克团中一起战斗。

◀▶▶ 兵器简史 ◀◀▶

公元8世纪，希腊人发明了"希腊之火"纵火剂和717年拜占庭的一种"拜占庭液火喷射器"的喷火兵器，但却没有留下相关资料。史料关于喷火武器最早的详细记载：中国南北朝的石油火攻、五代时期的"喷火"以及北宋初年的"猛火油柜"被看做是现代喷火器的原始雏形起源。

> 戒指枪可发射普通子弹或催泪子弹
> 反劫机专用枪能发射橡皮子弹

特殊手枪 》》》

特种手枪是指各类特种人员装备使用的手枪，主要用于执行一些特殊任务，尤其受到各国特工人员以及执行解救人质等任务的人员的青睐。其短小轻便，隐蔽性好，成为了一些专用人员的专用武器，这些手枪的形状、性能都与平时我们所看到的手枪大不一样，如钢笔手枪、打火机手枪、香烟盒手枪等，成为手枪家族中最神秘的成员。

隐形手枪

它是以日常用品形状伪装外形的手枪。这种手枪结构设计巧妙，制作精巧，便于携带，容易混过侦检，是特工人员常用的武器。

这种手枪可随身携带而不易发现，常在近距离内突然使用，其种类繁多。它口径小，射程近，是面对面的杀伤武器。它的制造原理千差万别，外观与日用品一样。可以说，是钢笔、提包、钥匙、打火机、手杖、烟斗、香烟盒、照相机等手枪的统称。这种手枪的杀伤半径极其有限，一次最多发射 4 颗子弹。但是，无论如何，这种武器通常都在近距离内使用，仍然是非常致命的。隐形武器也有向大型化发展的实例，国外曾发现伪装于旅行包中的冲锋枪和伪装在高级轿车中的机枪。

微声枪

微声手枪是一种特殊的作战武器。说它特殊，主要是它具有普通手枪所不具备的良好的"三微"性能(指微声、微烟、微焰)。尤其是其所特有的"微声"性能使得微声手枪成为侦察员

装上消声器和雷射指示器的 Mark 23 手枪。微声枪采用枪口消声器以及其他一些技术措施，消减射击噪声，主要用于隐蔽射击行动，执行特殊任务。

 瑞士迷你手枪。这款左轮手枪由不锈钢制作而成，虽然体型袖珍但威力不小，可以将子弹射出110多米，近距离杀伤性不容置疑。这款手枪使用的子弹也是目前世界上最小的。

进行特种侦察时隐蔽杀伤敌方的首选武器。

作为特殊枪中的沉默杀手，在谍战类或者暗杀类型的影视作品中，常常会出现微声枪的身影。被微声枪击中的人往往是在毫无防备的情况下悄然无声地倒下。这种隐蔽的杀人方式也就成为秘密军事行动组织的惯用方式。

19世纪末，美国枪械专家马克沁热衷于无声枪械的研究，通过使枪弹击发时排出的气体作旋转运动，来充分消除噪声，而制造出猎枪消声器，随后美国人将马克沁制造的消声器加以改进装在了步枪上，制出了最早的微声步枪。

"最小手枪"

瑞士制造的世界最小左轮手枪仅长5.5厘米，可以发射真正的子弹，射程达一百一十多米。别看它体积小，威力却很大，但它可能会成为犯罪分子作案的利器。这款左轮手枪名为"瑞士迷你枪"，外形仿制柯尔特蟒蛇型左轮手枪，长仅5.5厘米，重19.8克，由不锈钢制成，且能发射4.53毫米口径子弹，射程为112米，子弹时速可达432公里，足以在近距离内致人于死地。这款手枪个头很小，人们可以把它挂在钥匙扣上作为

装饰，对穷凶极恶的罪犯而言是完美的秘密武器。

因此，枪械专家乔纳森·斯潘塞认为，虽然这款手枪体积很小，但它射出子弹的时速与机枪一样的危险。在法律意义上，这款手枪应被划入危险枪支范畴。

"烟盒、香烟、打火机"手枪

烟盒手枪是一种利用烟盒(20支装纸包装)外形做掩护的一类暗杀武器。从表面上看，它完全是一盒普通的香烟，打开锡纸，除了若干支真正的香烟外，还露出一个6.35毫米的枪口，在烟盒的侧面，装有压杆式触发装置，用手按下触发器，弹头便从枪口射出而致人死地。

香烟手枪是英国最早研制的一种仿制香烟形状但存有完整射击结构的手枪，前后用燃烧的烟草和过滤嘴伪装。射击时，只需折下过滤嘴，拔出导线保险销，用手指按下发射按钮即可。

打火机手枪。这是仿照打火机外形而制作的暗杀武器，其外形与打火机的外形完全一致，打开打火机的上盖，便露出枪口和扳机，二者可分别对应于打火机的喷火口和打火键，弹头便从喷火口射出。

毒药手枪

毒药手枪是一种可喷射毒剂的暗杀武器，其外形与普通手枪相似，也可制成其他物品的样式，由一支金属管做枪管，枪管末端装有扳机(电源开关)和撞针，撞针的动

⬤ 毒药手枪与普通手枪外形相似,只不过其发射的子弹装有剧毒。

作由一只1.5伏的电池提供动力,其子弹是一只玻璃药针瓶,瓶中装有5毫升氢氰酸,撞针击破药针瓶,氢氰酸射出,和空气接触后,迅速化作雾状。这种手枪对准人的面部喷射,被袭击者会在两秒钟内即因心脏麻痹而死,却不留任何外伤。由于其所剧毒的危害性,因此该枪的使用者在用枪前后,就必须吸食解毒药。

手机手枪

2000年10月5日在荷兰阿姆斯特丹,首次发现了手机手枪,警方在一次追捕毒品嫌疑犯的行动中,在其保密箱中发现了8支4发手机手枪,28支钥匙链手枪。手机手枪从外形上看,与市场上流行的手机几乎一模一样,数字键下面是5.6毫米口径子弹,按下数字发射键可一连发射4发子弹,杀伤力不小,近距离发射可致人死命。

一种名为NOKITEL的手机手枪在内部装配发射装置后,比普通手机重许多。其中,它的上行键、发送键、下行键沿右垂直线分布,显然与普通手机构造不同。而且NOKITEL毕竟不是手机,既不能接听电话,也不能拨打电话,它只是一种伪装成电话的射击武器,4发子弹装进4个单独的小匣里,

通过4个单独撞针撞击,4发子弹会依次从4个枪管中射击,扳机也是4个,是键盘上的拨号按钮。手机手枪的结构比较复杂,制造难度较大。但是,这样的手机手枪在10米距离内就可以构成严重威胁,而且杀伤力较大。

头盔手枪

头盔手枪是一种新型的射击武器,枪管装在头盔的顶部,在前额上方装有光学瞄准具,当前方出现目标时,只要用瞄准具套住目标,然后,使电击发装置工作,武器便进行连续射击。该枪使用9毫米无壳弹。弹头初速高达580米/秒,而后坐力甚微,命中率高,射程较远,杀伤力大。除了射击功能外,该头盔还能抗住500米以外的步枪直射的射击,对核生化武器的伤害也有一定的防

⬤ 外表看就是一部普通的手机,它拥有屏幕、天线和按键,然而如果将按键盘向一旁移开,就可以发现4颗装在屏幕底下的子弹。

有一种依照钥匙的外形而制造特殊手枪，其外表看上去完全是一把粗大的大门钥匙，但却是一支可以发射6.35毫米子弹的手枪。钥匙柄打开后，是装填子弹的弹仓，柄上有指扣触发器，触发后，弹头便从钥匙前端射出。该枪的外形多样，制作精巧，隐蔽性强，操作简便。

护能力，同时，头盔装有12频道的微型收发机及配套使用的耳机和传声器，可在1000米范围内与同伴保持紧密联系。该装备的特点是：多功能、反应快、命中率高、便于使用者隐蔽，也有利于减轻单兵负荷。

匕首手枪

匕首手枪是一种与匕首结合在一体的手枪。1980年，法国制造出单管匕首手枪。英国的匕首手枪使用边缘发火枪弹。目前，性能优良的3管匕首手枪有效射程为5—8米。这种枪的前端是一把匕首或枪刺，手枪的枪管、弹匣和击发装置均设计在匕首的握把之中，是一种近距离和贴身格斗的利器。

例如，由苏联中央精密机械研究所推出的一种7.62毫米匕首手枪，其主要用于近距离格斗和杀伤近距离有生目标。7.62毫米匕首枪握把内带有弹膛和短枪管，内装一发微声手枪使用的7.62毫米微声手枪弹。枪口位于匕首握把的前端，射击时压下握把上的扳机杆即可。握把上有一个滑动的保险卡笋可以防止偶发。该匕首还是一多用

⬆ 匕首手枪的握把。这种手枪的枪管、弹匣和击发装置均在其中。

工具，可切割10毫米直径钢棒与电线，也可组装成螺丝刀使用。

皮带环与公文箱手枪

德国人创造的这个奇特暗器是设想用于战场失利或个人遇到对面敌人拦截时使用的。这种手枪暗藏于皮带环内，在佯装放下手中武器、举手投降过程中，猛压皮带环，外盖即伸出几支枪管同时射击。如果料不到这一手，对手的腹部就会遭受到枪击。

公文箱手枪是暗杀武器中较常用的一种，用各种式样的公文包或其他各式箱包作为伪装，枪管上可加装消音装置，箱体的背面有一个不被人注意的小孔，这就是枪孔，而整只枪的装置都藏在公文箱的内部，通过箱体某处的特殊装置按钮来进行射击。当击发后，弹头便从隐蔽的枪孔射击出来。

> ◆◆◆ 兵器简史 ◆◆◆
>
> 06式微声手枪是我国自行研制的第一种小口径微声手枪，主要装备于侦察兵及其他专业人员，使用5.8毫米微声弹，以单发火力隐蔽杀伤50米距离内有单兵防护的有生目标。06式微声手枪所采用的半自由枪机式自动原理具有一定的科学独特性，其总体性能也达到了世界先进水平。

兵器知识

> 特种手榴弹有燃烧、催泪、震晕手榴弹等
> 民用手榴弹包括防暴、灭火、杀虫等类型

手榴弹 >>>

手榴弹是一种能攻能防的小型手投弹药，也是使用较广、用量较大的弹药。它具有的体积小、质量小，携带、使用方便的特点，使其成为了现在和未来单兵作战必不可少的武器，手榴弹既可以用于防守和攻击，还能破坏坦克和装甲车辆等大型武器装备，因而曾在历次战争中发挥过重要作用。

"单兵的杀手锏"——手榴弹

手榴弹是一种用手投掷的弹药，因为17、18世纪时期的欧洲手榴弹，其榴弹外形和碎片有些似石榴和石榴子，而被称之为"手榴弹"。尽管现代手榴弹的外形有的是柱形，有的还带有手柄，其内部也很少装有石榴子样弹丸，但仍沿用了手榴弹的名称。

在世界战场上，手榴弹的地位此起彼伏，虽然曾一度消失但最终还是成为了战场上的必备武器，并得到大力发展，尤其在以守为主的作战中，手榴弹成为了单兵的不可缺少的武器。正是由于手榴弹在战斗中的这些举足轻重的作用，被称为"单兵的杀手锏"。

随着科学技术的发展以及作战思想的改变，手榴弹的地位尽管不如两次世界大战时那样突出，但作为步兵近距离作战的主要装备之一，在现代战争条件下仍具有重要的使用价值。

手榴弹的历史

手榴弹的历史悠久，据说最早的手榴弹是中国发明的。而手榴弹中出现时间最早的投掷炸弹，例如霹雳火球、毒药火球、烟

将手榴弹改造的特殊炸弹，引信一旦点火将立即爆炸，其原理类似地雷，接触的人十分危险。

希腊早期的手榴弹。这种手榴弹需要装入希腊火才可以引爆。

球、引火球等,都可以看做是手榴弹的雏形。

15世纪时期,欧洲就已经出现了装黑火药的手榴弹,当时主要用于要塞防御和监狱。到了17世纪,欧洲人发明了一种叫做"手榴弹"的投掷兵器,曾经盛极一时,当时的欧洲,几乎所有的军队都组建了一支专门投掷手榴弹的兵种,称为掷弹兵。

但随着枪械的大量装备和枪械技术的发展,手榴弹发挥的作用也逐渐减小,慢慢从人们眼里消失了。直到第一次世界大战,手榴弹重新受到人们的重视,到了第二次世界大战期间,手榴弹不仅应用广泛,而且得到了迅速发展,出现了空心装药反坦克手榴弹。

手榴弹的特点

现代手榴弹不仅可以手投,同时还可以用枪发射。随着军事兵器的发展,手榴弹的种类也逐渐繁多,弹体用于填装炸药,有些手榴弹的弹体还可生成破片。弹体可由金属、玻璃、塑料或其他适当材料制成,弹体材料的选择对手榴弹的杀伤力和有效杀伤距离具有直接影响,铝或塑料弹体产生的碎片小而轻,杀伤范围小,但铝或塑料破片在近距离上可致人重伤,治疗伤员也十分困难。

手榴弹中装置的是各类炸药和催泪瓦斯、铝热剂等化学战剂。手榴弹的引信则是引爆或点燃装药的一种机械或化学装置,现在的杀伤性手榴弹大都使用延时引信,有的也使用组合式引信。手榴弹的作战距离很短,一般是距投掷者三十多米远的地方,其杀伤半径最多也就十多米。

五花八门的手榴弹

手榴弹发展到今天,种类繁多,用途广泛,每种手榴弹都具有不同的性能,不同种类的手榴弹可以帮助士兵完成指定的不同任务。

现在使用的手榴弹大致可分为4种类型:杀伤手榴弹、照明手榴弹、化学手榴弹和教练手榴弹。杀伤手榴弹是最重要的手榴弹,它主要靠弹壳与引信组件破片的高速散射杀伤人员,也可用于摧毁或瘫痪敌方设备。照明手榴弹爆炸时会发出十分强烈的光,可以在晚上作为照明装置使用,使敌人的夜视仪器受到损坏而"致盲"。化学手榴弹内装填有各种化学药剂,可以用于破坏对方热敏元件和纵火、使目标致盲、制造烟幕等。教练手榴弹是杀伤手榴弹的模拟弹,用于训练,大多数教练手榴弹会发出巨大的"砰"声或闪光,以模拟杀伤手榴弹的爆炸情景。

两次世界大战中的手榴弹

结合现代科学技术的发展,手榴弹如今

⬆ M24 式长柄高爆手榴弹

缺陷,以发展触发引信来提高手榴弹的安全可靠性。因此,手榴弹引信更新换代势在必行;而且提高手榴弹威力的主要方法是将破片质量趋于小型化,改善手榴弹破片参数,破片数量趋于多量化,形状趋于多棱角形,速度趋于高速化,使得手榴弹的杀伤威力发挥到极致。

为了保证手榴弹达到预期的最佳作用效果,手榴弹还必须通过改变材料和改进加工工艺使其达到可以人为控制的程度。

随着战术使用范围的扩大,现代科技将使手榴弹呈多品和多用途的方向发展。

的发展与早期的两次世界大战中所发挥的作用差异极大。

现代手榴弹首次出现在第一次世界大战的战场上。由于当时的新式武器强大的火力,导致双方纷纷采用堑壕战。为了对付这种战术,德国率先搬出了近百年没有出现过的手榴弹。虽然手榴弹没有改变战局,但是也让英法等国领教了手榴弹的厉害。一战结束后,各国都开始研制新的手榴弹,其中德国在1924年研制定型的M24式长柄高爆手榴弹最为出名,在"二战"中,M24被大量广泛地应用,后来又以M24为基础研制了M39烟雾手榴弹和M43长柄手榴弹。同时期的还有美国的MK系列手榴弹,应用也比较广泛。

手榴弹的发展趋势

纵观手榴弹发展的全过程,在今后一个相当长的时期内手榴弹的发展趋势将涵盖到手榴弹的各个方面。其中,长期以来,手榴弹引信大多采用简单、方便、造价低的延期发火机构。为克服其延期时间固定这一

M26 手榴弹

M26式手榴弹是美国总结了第二次世界大战期间手榴弹使用中出现问题后,于1949年完成设计的一种较为典型的手榴弹,主要用于阵地防御和城市巷战杀伤有生目标。

M26式系列手榴弹主要由弹体和引信两部分组成。由上下两部分咬合的卵形弹体用薄钢片制成,并衬以钢丝缠绕预制刻槽破片套,弹体内装B炸药。配用M204A1或M204A2式延期引信。由M6式延期引信改进而成的 M204A1式延期引信仍采用转臂

兵器简史

手榴弹被制造出来最早只是用于军事装备,只是作为一种用手投掷的小型炸弹的军用物资;随后才逐渐演变为在田径运动项目中运动员使用的投掷器械之一(类同于军用的装有木柄的手榴弹),在比赛项目中,田径运动员经过助跑之后把手榴弹投掷出去的来比较各人距离。

手榴弹一拉就炸的原理是：手榴弹发火件和炸药分开，中间还要有延期体，发火体使用感度较高的专用发火药，受到激发后容易发火，发火药后面是一个延期体装有毫秒级延期药，类似于导火索，燃烧较慢，延期药经过一段时间燃烧最终点燃感度很低的炸药，手榴弹就爆了。

式结构，但延期药管从引信体中分离出来，另外增加了密封垫圈，火帽上盖有锡箔，因此密封性能好。

随后，在对 M26 手榴弹进行改进的过程中，出现了 M26A1、M26A2 等型号的手榴弹装备于军队。

美伊战场上的手榴弹

2003 年爆发的伊拉克战争是目前最新的大型战争，美军在战争中主要使用的手榴弹是 M15 白磷手榴弹。M15 属于特种手榴弹，它的有效杀伤半径高达 17 米，而且还可以释放烟雾和纵火。而伊拉克军队使用了 RGO 防御型杀伤手榴弹和 RGN 型攻防两用手榴弹，对美军士兵的安全构成了很大的威胁，美伊两军之间的小型单兵部队之间的战斗也因此相互受到了牵制。

由此可见，手榴弹这一能攻能防的手头弹药在现代战争的战场上，无论是杀伤有生目标还是破坏大型的武器装备，都发挥着重大的作用。

现代装备中的手榴弹

今天，世界各国军队几乎都装备和使用着不同品种、数量和对象的手榴弹。其中，美国就是世界上特种手榴弹品种最多的国家。美国的国家军队装备使用的手榴弹主要有 5 式、M67 式、M68 式手榴弹等。美国手榴弹装备的突出特点是以防御型手榴弹为主。俄罗斯现装备使用的手榴弹主要有 РГН 进攻型手榴弹、РГО 防御型手榴弹等。

在世界上手榴弹最发达的国家中，手榴弹的主要特点是品种齐全，注重攻防两用手榴弹的发展，型号更新换代快。例如，比利时、奥地利、德国、英国等国家目前装备所使用的 L2A1 式、L2A2 式、PRB423 式、HG85 式、HG86 式等型号发达的手榴弹。

如今，世界上的一些国家也积极地投入到自行研制和生产手榴弹的队伍中，相信在未来的军事装备手榴弹的技术水平上将有所突破。

M 67 因为形状的缘故，又被昵称为"苹果"。

> 手枪速射源自对隐显的人像靶子射击
> 运动比赛上的气枪的口径为4.5毫米

运动枪支 》》》

运动枪支是在射击运动、射击竞赛和狩猎中所使用的枪,属于一种重要的民用枪械。它包括运动手枪、运动步枪和运动猎枪。其中的运动手枪,是专供射击运动员进行射击比赛用的,又称为竞赛手枪,在运动比赛场上经常看到的就是这种手枪。随着科学技术和体育运动的不断发展,运动枪将会得到不断地更新和发展。

运动手枪的分类

尽管运动枪源于军用枪和猎枪,而它的发展却是同射击运动的发展密不可分的。

🔫 射击运动,就是一项以运动枪常作为比赛用的一种运动,也是著名比赛奥运项目之一。

在运动枪中,猎枪被最早应用,并得到了长足发展。

运动枪的使用越来越广泛,逐渐扩展到包括大、小口径步枪,气步枪、气手枪,小口径步枪对跑猪射击,猎枪对飞碟射击等项目;使用的枪种不断增加,其结构类型也越来越多,以致其中的运动手枪成为了当今世界射击运动中不可缺少的枪械。

运动手枪分为转轮手枪、小口径速射手枪、慢射手枪、标准手枪和气手枪。大口径一般大于7.62毫米,小口径一般小于5.6毫米。这类枪的特点是装有专门的瞄准装置,射击精确度比较高,外形美观大方,加工精致考究,握在手中感觉比较舒服。

运动手枪与军用手枪的区别

运动手枪与军用手枪的区别主要在三个方面:一是要求的重点不同。军用手枪要求的重点是杀伤力大和易操作性,对精度指标要求相对较低;运动手枪要求的重点是射击精度好,机构动作可靠。二是使用的环境不同。军用手枪要求适应各种环境,而运动

目前，世界各国用于射击竞赛的运动手枪和运动步枪只有5.6毫米和7.62毫米两种口径。运动气手枪和气步枪只有4.5毫米一种口径，运动猎枪也只有12号一种口径。用于普及性射击运动和狩猎的气枪与猎枪，除上述口径外，还有其他的口径系列。

手枪一般都在常温条件下使用。三是使用的对象不同。军用手枪是大批军人或警察使用，要求通用性强；运动手枪是单个运动员射击比赛用，它更强调个性化。

特别是在一些胡桃木质地木托的超级豪华型运动枪上，机匣、侧板、护圈和枪管上雕刻有各种花纹图案，扳机等甚至用黄金制成，造型美观，制造精良，这样的运动手枪可谓为艺术珍品。

现代运动手枪

现代运动枪的发展极为迅速，按照其规格的差异可以划分为不同类别的枪。在运动比赛场上，就分为比赛枪和教练枪。而根据结构性能，又可分为滑膛枪和线膛枪，单发枪和带弹仓的枪，非自动枪和自动上枪。按枪管的长短，又分为步枪和手枪，而步枪根据大、小口径的差异又有自选步枪、小口径标准步枪、跑猪射击专用枪，后者有转轮手枪、标准手枪和气手枪等。大口径一般大于7.62毫米，小口径一般小于5.6毫米。

运动手枪的枪弹速度相比于军用枪弹来说，却是低得多，运动手枪的弹头材质为

⬆ SP89 运动手枪

较软的铅，对膛线的磨损小得多，所以运动手枪的内膛不需要镀铬。

目前国际射击比赛中使用较普遍的运动手枪是英国及芬兰产的5.6毫米运动长弹。

范维克鲍C10式与SP89运动手枪

范维克鲍 C10 式 4.5 毫米气手枪是一种标准运动手枪，主要供射击比赛与训练用。它具有发射时间短，射击时后坐力小，发射能量稳定，射击精度高的特点。而这种以二氧化碳气体作为发射能源的单发武器，采用特殊材料加工而成，设计结构非常完善，例如其中的扳机的扣引位置、高度与角度均可调整，以适应不同射手的需要。

SP89 运动手枪是一种民用型的 MP5K 变型枪，这种手枪只能够单弹发射，可算是大型手枪。在这种运动手枪安装上激光瞄具就成了了加长枪管的 SP89，加长后的运动手枪重2千克，枪管长114.3毫米，机匣尾部较短，还附有 PSG1 的握把和扳机，尤其是这种手枪的发射方式为单发德国 HK P-1 水下无声专用手枪。

> **◀◆ 兵器简史 ◆▶**
>
> 1896 年第一届奥林匹克运动会将射击列为正式比赛项目，1897 年举行了第一届世界射击锦标赛，以大口径的自选步枪作为比赛项目。1924 年在法国首次举行的女子小口径步枪比赛取得了较好的结果，于是，1928 年在荷兰海牙举行的国际射击锦标赛中，又增加了男子小口径步枪项目。

> 明朝的"火箭溜"为现代火箭雏形
> 火箭筒打直升机是苏阿战争时发明

火箭筒 >>>

火箭筒是一种发射火箭弹的便携式反坦克武器,主要用于近距离打击坦克、装甲车辆和摧毁工事等目标,是各国陆军普遍装备的反装甲武器之一。火箭筒操作方便,能够有效地杀伤近距离的目标或完成其他战术任务,尤其是火箭筒所具有的质量小、结构简单、价格低廉、使用方便的特点,在历次战争的反坦克作战中发挥了重要的作用。

火箭筒与"巴祖卡"

反坦克火箭筒最早出现于第二次世界大战期间,其中,最早在1942年,在美国阿伯拉丁靶场上,美国陆军斯科纳上校和厄尔中尉对他们新设计的反坦克火箭筒进行试验。负责美国地面武器发展工作的巴尼斯尔少将看到火箭筒弹无虚发,欣喜若狂,当即拍板生产这种新武器。这种新武器后来被命名为M1式60毫米火箭筒。M1发到部队后,士兵们觉得它很像美国喜剧演员波恩斯表演用的一种乐器——巴祖管号,于是就把火箭筒叫做"巴祖卡"。直到今天,在美国和西欧,仍把火箭筒称为巴祖卡。

"巴祖卡"采用两端开启的钢质发射筒,靠弹内火箭发动机产生的推力推动火箭弹运动,发动机排出的火药燃气从筒后喷出,使武器无坐力。

火箭筒的结构特点

火箭筒一般由筒身、击发机、握把、肩托和瞄准具组成,在发射筒上装有瞄准具和击发机构。射击时,火箭弹依靠自身发动机推进机,几乎不产生后坐现象。由于火箭筒的瞄准设计需要时间较多,所以操作者要注意隐蔽自己或者有同伴协助掩护,以保证操作者能够安全有效地发射。

火箭筒根据发射使用和包装携行方式可分为:发射筒兼做火箭弹包装具,打完就扔的一次使用型;弹、筒分别包装携

M1 巴祖卡火箭筒

⚫ AT-4 火箭筒设计的缺点是它会在武器后方产生很大的"后焰"区域，可能会对邻近友军甚至使用者造成严重的烧伤和压力伤，这使这种武器在封闭地区很难使用。

行的多次使用型。按发射推进原理还可分为：火箭型和无坐力炮型。

军事武装中为了进一步提高火箭筒的破甲威力，火箭筒的口径有增大的趋势。为了提高对运动目标的命中率，出现了测距、瞄准、计算提前量三合一的瞄准具，使用型火箭筒得到了充分的重视和发展。

火箭筒的发展

在军队装备中，对火箭筒的改进和发展的需求也逐渐增大。在 20 世纪 50 年代，火箭筒在技术上得到了进一步的发展，有效射程达到 200—500 米，破甲厚度达 300—400 毫米。典型产品有美国的 M20 式等。

到了 20 世纪 60 年代，第二代火箭筒在科学技术运用上，新原理、新材料和新工艺的广泛应用。其中，两截式和弹筒合一结构的火箭筒，以及多管火箭筒的发展使得火箭

筒的种类以及技术含量更为先进。而且，火箭弹也发展为包括破甲弹、杀伤弹、发烟弹等多种弹药。

70 年代，各国研制的第三代火箭筒以增大威力为主，它们能摧毁当代复合装甲主战坦克。随后，又逐渐出现了轻型和重型火箭筒同时发展的局面，未来根据作战的不同需要，还将出现与高新技术发展相适应的不同种类的火箭筒。

德国铁拳 150 式火箭筒

1942 年，德国人兰格韦勒成功地设计出了铁拳 100 式 30 毫米火箭筒，随后便被大批生产并装备于部队。当时正值二战期间，因此这种世界上最早使用的超口径火箭筒，被法西斯德国陆军所使用。

铁拳 150 式火箭筒由发射筒、机械式发射击发机构、保险装置、发火系统、瞄准具

RPG-7 火箭筒是世界上第一种采用喷射抛射原理发射的火箭筒。

和背带等组成，其发射筒是用无缝钢管制成的一个两端开口的光滑直管，内径44毫米。并配用质量为2.3千克的子弹，有效射程也被提高到150米，用圆顶锥形药型罩代替原来的尖锥形药型罩，大大提高了破甲能力。

德国的"铁拳"150式反坦克火箭筒，不但是世界上第一种超口径反坦克火箭筒，也是现代反坦克火箭筒的开山鼻祖，在第二次世界大战中战绩显赫。

AT-4 火箭筒

AT-4 反坦克火箭筒是瑞典萨伯公司于1976年开始研制的产品，1984年开始装备军队。1985年美军开始装备 AT-4，并把它命名为M136式火箭筒，主要装备美国陆军和海军陆战队。在 1991 年的海湾战争中，AT-4 表现良好，基层军官和士兵都认为它是廉价而有效的步兵火力支援武器。

AT-4式火箭筒具有重量轻，携带方便，使用简单，操纵容易的特点，使得普通的士兵只要稍加训练就可以掌握使用方法，而且它威力巨大，发射的火箭弹可以破坏400毫米厚的装甲，命中目标后伴有致盲强光和燃烧作用。且因为它所采用的无坐力炮原理发射发射特征不明显，不容易暴露射手位置。

RPG-7式40毫米火箭筒

RPG-7 火箭筒是目前世界上装备时间最长、装备国家最多、运用最广泛的火箭筒，是前苏制武器的代表之一。20世纪50年代末，苏联跟随世界各国主战坦克装甲性能不断改进和提高的需求，研制出РПГ-7式40毫米的一种步兵班的制式反坦克武器。它质量小，威力大，射程远，后喷火焰小，结构坚固耐用，左、右肩均可射击，是理想的单兵作战火器。

RPG-7 火箭筒全长 0.9 米，战斗重量9千克，弹径70.5毫米，弹重4.5千克，有效射

◀兵器简史▶

两次世界大战中，坦克的出现给反法西斯盟国的军队带来巨大威胁，随后各国大力研制便携式步兵反坦克武器。至1942年，在美国的阿伯丁试验场上，青年军官斯克纳和厄尔自行研制的一种反坦克武器，射击靶车，次次击中目标，这一新型武器便是世界上最早的反坦克火箭筒。

扣动火箭筒的发射扳机,发射火箭弹的工作原理:火箭筒的药室内火药被点燃,推动火箭弹向前飞离发射筒。火箭弹初速约为117米/秒。火箭弹离筒后,稳定鳍张开,火箭弹旋转飞行。火箭弹飞行0.1秒,约11米后弹体发动机启动,火箭弹加速至294米/秒直至目标。

兵器解密

程200米。1966年以后,逐渐取代了原来的火箭筒,成为步兵班的制式反坦克武器。除装备苏军外,还大量装备阿拉伯国家、非洲国家和中东、亚洲等国家的军队。20世纪90年代以来,已经有多架美军武装直升机被RPG-7火箭筒击落,而现在驻扎在伊拉克的美军也为伊武装分子手中的RPG-7火箭筒感到头疼。

火箭筒的现代装备

尽管目前反坦克导弹发展地很快,但火箭筒仍是近距离主要使用的反坦克武器之一。因此,现代火箭筒是世界各国大量装备的近距离反坦克武器,型号品种较多。

其中,美国装备有M72 A系列和M72E系列66毫米火箭筒,M136式和M202式66毫米4管火箭筒等。

英国装备有劳80式94毫米火箭筒,德国主要装备的是长矛44毫米火箭筒。苏联装备有РПГ-7式和105毫米火箭筒等。

↑ 阿富汗警察在美军指导下使用69式火箭筒

法国装备有阿皮拉斯112毫米火箭筒,F1式和F3式89毫米火箭筒,黄蜂58式70毫米火箭筒等。20世纪80年代初的以色列则开始大量装备B-300式82毫米火箭筒。

西班牙的C-90-C式90毫米火箭筒于80年代中期开始被装备于巡逻队、突击队和海军陆战队,20世纪90年代已广泛装备西班牙部队。而世界更多的国家广泛装备的是M20式、M72式、F1式和卡尔·古斯塔夫火箭筒或其改进型产品。

发展趋势

自20世纪80年代中期以来,各国的军事武装在装甲防护技术上,都有了新的突破。为了与之相抗衡,世界各国采取优化破甲战斗部结构、开发串联空心装药战斗部、开发高爆穿甲弹等技术途径,大力地发展大威力反坦克火箭筒。

而相对于不断发展的火箭筒,开发多功能大单兵弹药就成为了世界各国军事装备上的重要目标。这种多功能弹药是一种在一发弹上同时具有爆炸、爆破和穿甲功能的弹药,它将成为军事装备上的一个新型的主用弹药。

随着对军事装备的科学技术要求的提高,未来火箭筒采用遥感自控技术开发智能火箭筒,应用光、机、电综合技术,提高对运动目标的命中率的目标,也纳入了未来火箭筒技术发展的行列。

图书在版编目（CIP）数据

步兵利器：轻型武器的故事/田战省编著. —长春：北方妇女
儿童出版社，2011.10（2020.07重印）
（兵器世界奥秘探索）
ISBN 978-7-5385-5696-4

Ⅰ. ①步… Ⅱ. ①田… Ⅲ. ①轻武器—青年读物②轻武器—
少年读物 Ⅳ. ①E922-49

中国版本图书馆 CIP 数据核字（2011）第 199122 号

兵器世界奥秘探索

步兵利器——轻型武器的故事

编　　著	田战省	
出版人	李文学	
责任编辑	张晓峰	
封面设计	李亚兵	
开　　本	787mm×1092mm　16 开	
字　　数	200 千字	
印　　张	11.5	
版　　次	2011 年 11 月第 1 版	
印　　次	2020 年 7 月第 4 次印刷	
出　　版	吉林出版集团　北方妇女儿童出版社	
发　　行	北方妇女儿童出版社	
地　　址	长春市福祉大路5788号出版集团　　邮编 130118	
电　　话	0431-81629600	
网　　址	www.bfes.cn	
印　　刷	天津海德伟业印务有限公司	

ISBN 978-7-5385-5696-4　　　　　　定价：39.80元